KB270838

# 절약운전 습관 65가지

정보상 | 지음

살림

# 7년 프로젝트 '자돈차 굴리기'를 정리하며

내게 자동차는 묘한 마력의 대상이다.

내가 경험한 자동차 사랑학부터 시작해 보자. 자동차를 처음 장만한 나의 애차심은 유별났다. 사춘기 소년과 같이 자동차와 열애에 빠진 내게 자동차는 편한 것, 사랑스러운 것, 그래서 한시라도 떼놓고 싶지 않은 것이었다. 그때는 자동차와 한시도 떨어지고 싶지 않다는 생각에 상상의 나래를 펼치기도 했다.

'호주머니 속에도 넣고 다닐 수 있는 방법은 없을까? 그렇게 되면 주차문제도 해결될 텐데……. 맞아! 풍선처럼 타고 다닐 때는 바람을 넣어 크게 만들어 타고 다 주차할 때는 바람을 빼 가방 속에 넣으면 좋을 거야.'

이쯤 되자 나는 굳이 병세로 따져보지 않아도 중증의 자동차 중독증 환자가 되었다. 마치 "가자, 로시난테!"를 외치며 풍차를 향해 달려가는 돈키호테처럼 거리로 나섰다. 앞뒤 볼 것 없이 일단 뛰어나가는 것이다.

그러나 이때 거리는 로시난테를 탄 돈키호테들로 넘쳐났다. 자동차 없이는 아무 일도 할 수 없는 사람들이 거리를 가득 메웠고 나 역시 그 도로 한 복판에 있었다. 21C 자동차 홍수 속에서 '자동차 중독증'에 걸린 많은 사람 중에 한 사람으로 살아왔던 것이다.

그러던 내가 사랑의 열병에서 빠져나올 수밖에 없었던 것은

IMF가 친숙하게 들리기 시작하고부터였다. 일상의 스트레스를 날려주던 자동차 굴리기가 돈 들어가는 소리가 부릉부릉 나는 자돈차 굴리기로 바뀐 것이 바로 이 즈음이었다. 오래 애용한 탓에 시름시름 앓기까지 하는 자동차에 들어가는 치료비가 만만치 않았다. 내 밥은 못 챙겨도 자동차의 연료는 꼬박꼬박 가득 채워주었으나 이제는 연료비가 허리띠를 잡아당기는 지경이 되었다.

그때부터 나는 그간의 방만했던 자동차 생활을 정리하고 절약작전을 펼치기 시작했다. 연료비와 부품비는 자동차 유지비 가운데 가장 많은 부분을 차지하고 있어 특별히 신경을 써서 줄였다. 추운 겨울에도 직접 손세차를 하는 고생도 감수했다. 보험료도 줄일 수 있는 부분을 찾아 최대한 거품을 거둬냈다. 노후 된 차에는 그다지 도움이 되지 않는다는 자차 보험은 아예 들지도 않았다. 상황이 이렇게 변하고 나니 자동차 생활은 자동차 유지비와의 치열한 전투로 변해 버렸다.

7년이 지난 지금, 나는 그 동안 자동차 유지비와 벌인 전투 경험을 모아 『돈 걱정 않고 차 굴리는 65가지 방법』이라는 절약 운전 가이드북을 엮어 내게 되었다. 고유가 시대를 살고 있는 운전자들에게 "차를 잘 타기 위해 차를 사랑해야 한다"는 말은 너무 추상적인 것인지도 모르겠다. 그러나 아무리 애물단지라고 구박을 해도 자동차와 동고동락하는 이상 꾸준한 애정을 쏟지 않으며 좋은 관계를 유지하는 것은 불가능할 것이다.

마지막으로 절약운전을 위해 노력 중인 많은 운전자들에게 자동차 유지비를 줄이려면 무엇보다 차를 잘 알고 사랑해야 한다는 격려의 말을 전한다.

자동차 칼럼니스트 정 보 상

contents

# 7 봄여름가을겨울 절약 운전 · 정비 상식

# 절약운전의 첫걸음
# 새 차 길들이기

충분한 워밍업으로 몸풀기를 해라

저속주행으로 걸음마부터 시작하라

새 차 길들이기, 언덕길을 이용하라

급출발은 처음부터 차를 병들게 한다

적게 태우고 좋은 길만 달려라

엔진오일 교환 1,000km를 넘지 마라

기어변속은 처음부터 정확하게 하라

새 차 꾸미기 서두르면 낭패본다

# 충분한 워밍업으로 몸풀기를 해라

지난 겨울 빨간색 소형차를 마련한 김소영 씨는 매스컴에서 자동차상식을 알려줄 때 '워밍업' 이라는 말이 나오면 자신도 모르게 얼굴을 붉히곤 한다.

소영 씨는 3년 전부터 조그마한 보세의류점을 경영하고 있다. 매일 새벽 5시면 어김없이 졸린 눈을 비비며 동대문 보세의류 시장에 달려가 물건을 사나르던 소영 씨는 돈이 모이자 차부터 장만했다.

물론 소영 씨는 면허증을 따기 위해 두어 달을 투자해 학원에 다녔다. 면허시험에 합격한 다음에도 연수과정을 거치느라 한 달을 더 보낸 후에야 차를 몰 수 있게 됐다.

학수고대하던 새 차를 만나러 가는 12월 어느 수요일은 소영

씨에게 있어서 가슴 설레는 날이었다. 영업소 앞마당에 임시 번
호판을 달고 서 있는 빨간색 소형차를 보았을 때는 첫 맞선을 보
는 것처럼 가슴이 콩콩 뛰었다.

영업소에서 서류관계 일을 끝낸 그녀는 설레는 마음을 진정
시키고 운전석에 앉았다. 키홀더에 키를 꽂고 조심스레 돌리자
경쾌한 소리를 내며 시동이 걸렸다. 소영 씨는 이제 어엿한 오너
드라이버라는 자부심을 갖고 바로 거리로 나섰다.

그런데 첫 번째 교차로에서 신호대기를 위해 차를 세웠을 때
뭔가 이상하다는 느낌이 들었다. 차를 세웠음에도 달릴 때와 비
슷한 크기의 엔진소리가 들려오고 타코미터(회전속도계) 바늘
도 1분당 2,000RPM을 가리키고 있는 것이다.

'아니 이거 문제가 있는 차를 가져온 게 아닌가?'

소영 씨는 덜컥 겁이 났다.

차를 길가에 대고 서둘러 운전 조작법이 적힌 책자를 뒤져보
니 평상시 공회전은 분당 7-800RPM이 정상이라고 나와 있었다.

불안한 소영 씨는 영업소로 전화를 걸었다. 5분쯤 지나자 영
업사원과 애프터서비스 요원이 도착했다. 급한 마음으로 서둘러
상황설명을 하는 소영 씨. 그러나 애프터서비스 요원으로부터
퉁명스런 대답을 듣는 데는 채 5초도 걸리지 않았다.

"아가씨는 자동 초크도 몰라요? 페이퍼 드라이버만 늘어가
니 이거 원 피곤해서 살 수가 있나?"

옆에서 눈치만 보고 있던 영업사원이 안쓰러운 듯한 표정으

로 차근차근 설명한다. 이야기를 듣던 소영 씨의 얼굴이 화끈 달아오르기 시작했다.

"겨울철에는 엔진이 식어 있기 때문에 정상적으로 달리기 위해 자동적으로 엔진 공회전수가 높아지게 설계되어 있습니다. 특히 처음 출고된 차는 워밍업이 필요하지요. 엔진의 각 부분에 골고루 열이 퍼져야 엔진오일의 윤활작용이 활발해 지고, 엔진이 부드럽게 작동됩니다. 따라서 새 차를 운전할 때는 엔진이 알맞게 데워질 때까지 기다리는 습관이 반드시 필요합니다."

---

**TIP 기어를 중립에 놓고 브레이크를 밟지 마라**

신호대기를 위해 속도를 줄일 때 기어를 중립이나 N레인지에 놓고 브레이크를 밟아 정지하는 운전습관은 연료 소모를 늘어나게 한다. 정상적인 브레이크 조작시에는 연료가 분사되지 않지만 기어를 중립에 놓고 브레이크를 밟으면, 브레이크가 정지를 하려고 하는 순간에도 엔진은 공회전 엔진회전수을 유지하기 위해 끊임없이 연료를 분사한다. 다른 레인지에 기어를 둔 경우와 비교해 보면 연료 소모가 많아지는 것이다. 속도를 줄일 때 기어를 중립이나 N레인지에 두는 습관은 빨리 고치는 것이 좋다.

# 저속주행으로 걸음마부터 시작하라

서울에 사는 김성렬 씨 집에서 가족회의가 열렸다. 얼마 전 계약을 한 자동차를 누가 인도받아 올 것인가를 결정하기 위한 모임이었다.

"이런 중요한 일은 아무래도 장남인 내가 가야 될 것 같아."

0.1톤에 육박하는 체구를 가진 맏형이 얘기했다.

"형은 차를 너무 천천히 몰아. 처음부터 얌전히 몰면 박력없는 차가 되기 쉽기 때문에 차를 힘있게 모는 내가 가는 것이 좋겠어."

차남인 성렬 씨가 큰형의 의견을 반대하고 나섰다.

이번에는 잠자코 있던 막내가 입을 열었다.

"어느 잡지에서 읽은 건데 운전학원에서는 새 차를 인수해

올 때 나이가 지긋한 주임급 강사가 가서 몰고 온대. 젊은 강사들은 새 차라는 기분에 취해 마구 달리는 수가 있어 나이 지긋한 주임급 강사가 인수하러 가는 것이 상례로 되어 있다는 거야. 그때 속도는 60-70km/h로, 절대 100km/h 이상으로 달리는 무리한 운전을 하지 않지.”

결국 가장 설득력 있는 얘기를 꺼낸 막내 덕분에 맏형에게 가장 먼저 새 차를 모는 영광이 돌아갔다.

먼 지방에 있는 출고사무소에서 차를 몰고 올 경우에는 처음부터 무리가 가지 않도록 주의해야 한다. 길들이기를 한다고 100km/h 이상으로 달리는 것은 엔진에 무리를 주므로 삼가야 한다.

새 차는 아직 엔진 각 부분의 활동이 정상적이지 않고 실린더 벽이 깨끗하게 연마되지 않아 피스톤 작동이 매끄럽지 못한 상태이다. 따라서 속도를 단계적으로 올리고 내리는 기술이 필요하다.

가령 울산 출고사무소에서 서울로 올 경우, 충분히 워밍업을 한 후 60km/h를 넘지 않는 속도로 고속도로에 진입한다. 고속도로로 진입하여 경주를 지날 때부터 60→80→100→80→60km/h 정도로 속도를 올렸다 내렸다 하면서 유연하게 달린다. 고속도로로 들어서자마자 ‘화물차도 100km/h로 달리는데……’ 라는 자존심 때문에 액셀러레이터를 마구 밟으면 ‘새 차 길들이기’ 는 순식간에 ‘중고차 빨리 만들기’ 가 되고 만다. 🚗

# 새 차 길들이기, 언덕길을 이용하라

처음 나온 드라이브라고 들떠 있던 최일봉 씨의 마음이 장마철 하늘마냥 잔뜩 구겨져 버렸다. 옆에 앉은 여자친구는 아예 고개를 돌리고 창밖만 쳐다보고 있다.

일봉 씨가 새 차를 인도 받은 것은 드라이브를 떠나기 바로 전날인 토요일 오후였다.

새 차를 인도 받은 지 만 하루도 안 된 일요일 오전, 일봉 씨는 여자친구와 새 차 길들이기라는 명목으로 대전 나들이에 나섰다.

중부고속도로를 거쳐 남이 인터체인지에서 경부고속도로를 탈 요량으로 상일동 출입구로 들어섰다. 시속 60km의 속도로 달리며 새 차 길들이기를 시작한 일봉 씨는 톨게이트를 지난 후에도 여전히 그 속도로 달렸다.

그러자 뒤에 있던 차들이 클랙슨을 울리며 추월하기 시작했다. 몇몇 덩치 큰 화물차가 급하게 차선을 바꾸면서 앞으로 끼어들어 부득이하게 급제동을 해야 하는 경우도 있었다.

사태가 이쯤 되자 옆자리에 있던 여자친구는 은근히 화가 나기 시작했다.

"아니 일봉 씨, 왜 이렇게 겁이 많아요. 제한 속도가 110km/h인데 고작 해야 60km/h밖에 못 달리니 정말 답답해요"라며 면박까지 주었다.

"차 길들이는 중이야. 답답해도 참으라고."

"조금 빨리 달린다고 차가 어떻게 되요? 이제 겨우 서울을 빠져나왔는데 이 속도로 언제 대전까지 갔다 와요?"

대충 그런 내용으로 티격태격하다 결국 둘은 제각기 화가 나서 한참 동안 말도 하지 않았다.

차 길들이기를 위해 중부고속도로를 코스로 잡은 일봉 씨는 언덕을 이용해 차 길들이기를 하려고 장거리 주행에 나섰으나 결국 본의 아니게 여자친구와 말다툼만 벌였다.

고지식한 일봉 씨의 운전에 문제가 있는 것 같긴한데, 그럼 본격적으로 새 차 길들이기 요령을 알아보자.

대전으로 가는 길에 언덕을 이용한 차 길들이기 방법이다. 고속도로에 들어서며 서서히 가속하여 60km/h로 호법 인터체인지까지 달린다. 이때 타코미터의 회전수가 2,000−2,500회 정도를 넘나드는 상태가 가장 좋다. 호법에서 남이 인터체인지까지는 속도를 60→70→80→90→100km/h로 충분한 시간을 두면서 단계적으로 올려보도록 한다. 그리고 다시 60km/h까지 단계적으로 시간을 두면서 감속해 보고 다시 가속하는 것을 몇 번 되풀이해 본다.

이때 감속과 가속은 평지와 언덕을 이용해 융통성 있게 하는 것이 효과적이다. 평지에서 단계적으로 가속해 언덕이 나타나기 전에 100km/h로 속도를 높인다. 그런 다음, 언덕에 오르기 시작하면 액셀러레이터 페달에서 발을 떼 어느 정도 탄력으로 올라가도록 한다. 이렇게 되면 스피드가 60km/h까지 자연적으로 떨어진다. 이렇게 60-40km/h로 완만한 고갯길을 넘는 것이 가장 바람직하다.

고개를 넘을 때 60-100km/h를 유지하려고 액셀러레이터 페달을 밟아대는 것은 차에 무리를 주는 운전이다. 60-40km/h로 넘은 다음 내려오는 탄력으로 다시 가속하는 것이 차의 건강에 좋다.

<table>
<tr><td>TIP</td><td>겨울철 라디에이터덮개를 활용하라</td></tr>
</table>

겨울에는 엔진도 꽁꽁언다. 주행을 위해 엔진에 시동을 걸면 많은 에너지가 얼었던 엔진을 녹이는데 소모된다. 이때 라디에이터 덮개를 사용하면 엔진이 차가워지는 것을 방지하며 빠른 시간 내에 엔진온도를 높일 수 있어 연료를 절약할 수 있다.

# 급출발은 처음부터 차를 병들게 한다

주간신문사에 근무하는 조인용 씨는 면허를 딴 뒤 일 년 동안 회사차를 몰다가 60개월 할부로 빨간색 스포츠카를 마련했다.

평소 그는 경찰과 검찰 관계 소식을 신속하게 전해야 한다는 명목으로 불법인 줄 알면서도 차에 비상등과 에어클랙슨, 마이크까지 달고 도심을 질주하곤 했다. 차는 남자답게 몰고 다녀야 한다고 고집해온 그는 회사차를 운전할 때 익힌 버릇으로 새 차를 몰기 시작했다.

"운전이라면 액티브한 멋 빼고 뭐 별거 있습니까?"

그의 운전습관을 살펴보면, 신호대기를 하고 있다가 출발할 때는 언제나 앞서 달리기 위해 클러치를 꽉 밟고는 액셀러레이터를 밟아 엔진 회전수를 높인다. 그런 다음 신호가 바뀌자마자 클러치 페달을 급하게 떼면서 타이어가 끌리는 소리가 나도록 급출발을 한다. 2,500RPM에서 기어변속을 해줘야 하는데도 훨씬 높은 수준에서 기어변속을 하고 뒤따라오는 차가 있을 경우에는 더욱더 액셀러레이터를 밟아댔다.

그러나 힘 있는 운전을 주장하던 그가 지금 와서는 땅을 치고 후회하고 있다. 잦은 급출발로 인해 엔진에 무리가 간 그의 차는 6개월을 채 넘기지도 못하고 시름시름 잔병을 앓기 시작했던 것이다. 무리한 운전으로 엔진 소음도 요란하고 힘도 신통치 않았다. 그리고 엔진오일의 소모도 많아 자주 오일을 보충해 줘야 했다.

'엔진 마모의 70%는 시동을 건 후의 30초 안에 이뤄진다'는 말이 있다. 시동을 걸고 30초 이내에 액셀러레이터를 밟아대는 것은 새 차 길들이기에서 삼가야 할 첫 번째 사항이다. 그리고 이러한 운전 습관은 비단 새 차 길들이기 단계가 아니더라도 평생을 두고 피해야 한다.

몸도 풀리지 않은 상태에서 경기에 임한 마라톤 선수는 코스의 반도 채 달리지 못하고 주저앉는 법이다. 사람으로 비유하자면 심장이라고 할 수 있는 엔진이 처음부터 무리하게 혹사를 당하면 결국 제명을 다하지 못하고 녹다운 당하게 된다. 다시 한번 강조하지만 급출발은 반드시 피해야 한다. 이것은 새 차 길들이기의 기본 사항이다.

# 적게 태우고 좋은 길만 달려라

"이 책 믿을 게 못 되는군. 이것 봐 틀림없이 이 책에는 포장도로로 되어 있잖아?"

진경호 씨는 보름 전 구입한 새 차를 몰고 방태산 뒷길을 찾았다. 지도와 드라이브 안내책자를 뒤적이며 현리에서 양양 쪽으로 빠지는 길까지 접어들었다. 그런데 추대계곡이 끝나는 지점에서 갑자기 비포장도로가 나온 것이다.

지금 차에 타고 있는 사람은 아내와 친구 부부까지 모두 네 사람, 난감했지만 되돌아가자니 뒤통수가 부끄러워 계속 가기로 결정했다. 조금만 지나면 포장도로 구간이 나오리라는 확신을 가지고 조심스럽게 차를 몰고 가니 과연 송림 속에 포장도로 구간이 보였다.

그러나 포장도로 구간은 잠시뿐 계속 비포장도로가 이어졌다.

"뭐 이런 엉터리가 다 있어?"

팽개치듯 안내책자를 내던지며 소리치는 경호 씨. 그러나 경호 씨는 낮은 차체와 지면이 부딪치는 소리를 들으며 혹시 차가 상하지는 않을까 마음을 졸이고 있었다.

새 차를 몰 때 짐을 많이 싣거나 정원 가득 사람을 태우고 오랜 시간 달리는 것은 바람직하지 않다. 더구나 비포장도로에서 에어컨까지 가동시키면 당연히 엔진 출력은 높아진다. 이런 상황에서 액셀러레이터 페달을 밟다 보면 엔진에 무리가 가고 과열까지 발생한다.

새 차가 길이 제대로 들 때까지는 될 수 있으면 차의 무게를 가볍게 하고 에어컨은 끈 채 비포장도로는 피해서 달리는 것이 이상적이다. 어쩔 수 없이 비포장도로를 달려야 할 때에는 되도록 낮은 기어로 천천히 달리도록 한다. 그렇다고 1단 기어나 2단 기어로 오랫동안 달려서는 곤란하다. 50km/h로 달릴 길이라면 40km/h로, 40km/h로 달릴 길이라면 30km/h로 낮추어 달리는 것이 좋다.

# 엔진오일 교환 1,000km를 넘지 마라

박일수 씨는 주말에 친구들과 함께 어느 잡지사에서 개최하는 야외 모임에 가기로 했다. 가까운 근교 모임이라 새 차를 몰고 가벼운 마음으로 나섰다.

행사장소는 그 전에 몇 번 갔던 곳이라 수월하게 찾을 수 있었다. 도착해 보니 아직 행사 시간이 한 시간 정도 남아 있었다. 넓은 주차장 안에는 듬성듬성 차가 서 있고 주차장 한쪽에는 무료차량수리를 알리는 현수막이 걸려 있었다.

기다리기도 지루해 차량수리 현수막이 붙은 곳으로 발길을 옮겼다. 마침 정비사가 윤활유에 대한 강의를 하고 있었다.

"엔진오일는 5,000km 주행하면 갈아주는 것이 보통입니다. 그러나 새 차인 경우에는 1,000km 정도에 갈아주는 것이 좋지요."

"아니 엔진오일 값이 얼만데 그렇게 자주 갈아줍니까?"

"새 차는 아직 엔진의 실린더 벽이 제대로 길들지 않아 피스톤이 왕복운동을 할 때 쇳가루가 깎여 나옵니다. 따라서 엔진 수명을 길게 하기 위해서는 엔진오일을 자주 갈아줘야 합니다."

이렇게 말하며 점검중인 새 차의 엔진오일 게이지를 뽑아들고 차주인에게 만져보라고 한다.

"보십시오. 엔진오일에 모래 같은 것이 만져지지 않습니까? 이 차의 오일은 교환한 지 얼마 지나지 않은 것처럼 보입니다만 오일에 쇳가루 등이 섞여 있어 자칫하면 실린더 벽에 흠집을 낼 수도 있지요."

일수 씨는 무관심한 척 듣고 있다가 자기 차가 있는 곳으로 갔다. 보닛을 열어 엔진오일 게이지를 뽑아 오일 한 방울을 손바닥에 떨어뜨려 손끝으로 문질러 보니 과연 꺼끌꺼끌한 감촉이 느껴졌다.

'오늘 서울에 도착하면 당장 엔진오일부터 교환해야지.'

일수 씨의 마음은 벌써 카센터에 가 있었다.

새 차는 1,000km를 달리고 나면 엔진오일을 갈아 엔진에서 만들어낸 금속가루를 없애주어야 한다. 또한 주행거리를 염두에 두고 조금 무리하게 달렸다는 생각이 들면 좀더 자주 엔진오일을 교환해 줘야 한다. 흔히 엔진오일은 5,000-7,000km마다 갈아주지만 새 차는 이보다 짧은 구간에서 교환해 주는 것이 좋다.

# 기어변속은 처음부터 정확하게 하라

아직 초보운전 딱지를 떼지 못한 홍명희 씨는 차에서 툭하면 '끄르렁' 소리가 나 여간 신경이 쓰이는 것이 아니었다.

전업주부 명희 씨가 새 차를 산 이유는 증권회사에 드나들기 위해서였다. 차를 사고도 운전면허를 따지 못해 근 한 달 동안 아파트 주차장에 세워 놓고, 면허를 딴 뒤에도 연수기간 동안 차를 몰지 못했던 명희 씨가 처음 핸들을 잡은 것은 어느 일요일 아침.

한적한 아파트를 빠져나온 명희 씨는 기어변속 후 엔진에서 '끄르렁' 소리가 나는 것이 마음에 걸렸지만 아직 기어변속이 익숙하지 않아 나는 소리라고 생각하고 그냥 차를 몰았다. 운전이 익숙해지면 곧 그런 잡음은 사라질 거라고 생각했다.

　그러나 자세히 보면 명희 씨의 기어변속 습관에는 문제가 있었다. 연수 시절 강사에게서 '출발 후 바로 2단으로 바꾸는 것이 연료절약의 비법'이라는 엉터리 이야기를 듣고 그대로 실천하고 있었던 것이다. 결국 제대로 된 충고를 듣지 못한 명희 씨의 기어변속 방법은 차를 망가뜨리는 나쁜 습관이 되어버렸다.

　평지에서 출발할 때에는 '끄르렁' 노킹소리가 나지 않지만 약간 경사진 곳에서 출발할 때에는 어김없이 '끄르렁' 소리가 나는 것이었다.

　새 차였을 때에는 그래도 다닐 만했는데 반년쯤 지나자, 차는 만성 소화불량에 걸린 환자처럼 툭하면 '끄르렁' 하는 트림소리를 냈다.

　초보운전자일수록 기어변속의 타이밍을 제대로 잡기 어렵다. 따라서 매끈한 운전을 익히기 위해서는 기어변속의 타이밍에 각별한 관심을 가지고 훈련을 쌓아야 한다.

　운전 명언 가운데 '상향 기어변속은 느리게, 하향 기어변속은 빠르게'라는 말이 있다. 1단에서 출발해 충분히 달리게 하여 힘이 있을 때 2단으로, 2단으로 달리면서 충분히 차를 가속시킨 다음 3단으로 변속하고, 감속할 때에는 반대로 조금 빠르게 기어를 변속하라는 말이다.

　새 차는 제때에 기어를 변속해야 하고 또한 절도 있게 해줘야 한다. 변속을 할 때 일단 중립을 절도 있게 거치도록 해야 기어변속 때 레버가 제대로 자리를 잡는 등, 길이 잘 들게 된다.

# 새 차 꾸미기 서두르면 낭패본다

새 차를 구입한 운전자라면 차의 매력을 최대한 발휘하기 위해 '차를 어떻게 사용해야 하는가'에 대한 원칙을 세울 것이다. 이 원칙은 각자 운전자가 고민해야 할 문제이기에 이 장에서는 최소한의 가이드라인만 제시해 본다.

## 새 차 아직은 손대지 마라

사자마자 당장 카센터에 가서 왁스칠이다 보디 코팅이다 서두르는 운전자가 있는데 일단 숨을 좀 돌리고 하도록 하자. 차체의 도장이 완전히 마르지 않았을 수도 있다. 여기에 왁스칠이나 코팅을 한다면 도장에 손상을 줄 수도 있다.

개성시대라 자기 차에 치장을 하려는 사람들도 많을 것이다.

그러나 조금 생각해 본 후에 결정하도록 하자. 시트커버를 많이 하는데 웬만한 시트커버 가격 정도면 자동차의 의자를 새 것으로 바꿀 수도 있으니 고려해 보자.

## 귀가 얇으면 차가 고생이다

기본적으로 새 차는 주어진 성능에 관해서는 최적의 상태라고 생각하면 된다. 혹시 그 성능에 만족하지 못하고 '이렇게 하면 차가 더 좋아진다더라' 라는 이야기를 듣고 망설이고 있다면 아래의 사항들을 주의 깊게 살펴볼 필요가 있다.

1_ 광폭타이어: 분명히 말해 좋은 점이 있다. 코너를 돌 때 안정감이 있고 제동 성능도 좋아진다. 그렇지만 차에 맞지 않는, 무리한 크기는 곤란하다. 새 차를 구입했다면 타이어를 그대로 이용하는 것이 좋다. 차에 대하여 조금 더 알게 된 후에 타이어를 교체해도 늦지 않을 것이다.

2_ 연료절약기, 출력증강기 등의 기타 부착물: 정말로 그렇게 큰 효과가 있을지는 의문이다. 정말로 효과가 있다고 생각되더라도 차에 익숙해질 때까지 기다린다.

3_ 엔진 코팅제: 정말 말리고 싶다. 새 차에 엔진 코팅제를 넣었다가 말썽이라도 생기면 A/S에 큰 문제가 발생할 수 있다. 엔진 길들이기에 방해가 될 수 있으므로 차가 낡기 시작할 때나 고려해 보자. 🚗

# 2

# 짠돌이 운전자가 되자

# 고유가 시대에 꼭 알아야 할 8가지 절약습관

언론에서 '고유가 시대' 라는 말이 일상적으로 쓰이고 있다. 유가는 연일 최고가를 갱신하고 있고 앞으로의 전망은 조금 더 절망적이다. 자동차 연료 절약을 생활화해야만 할 만큼 절박한 상황에 이르고 있다.

평소 하찮게 여겼던 운전습관을 조금만 고치면 생각보다 많은 연료를 절약할 수 있다는 제안이 쏟아지고 있기도 하다. 연료 낭비 습관을 하나씩 고쳐 '티끌 모아 태산' 이라는 말을 실천해 나가도록 하자.

## 1. 연료를 3배나 먹는 급출발

급출발은 정상적인 출발보다 2-3배 정도 연료가 더 소모된다.
그리고 엔진에 무리를 주어 엔진오일이 쉽게 오염되고 엔진의
잔고장도 자주 일어난다. 교통정체가 심하고 신호등이 많은 시
내에서 급출발과 급가속을 반복할 때 소모되는 연료는 정상적으
로 운전했을 때보다 50%나 늘어나기도 한다. 배기량 1,500cc의
수동변속차의 경우, 평균 연비가 1 $l$ 당 13km일 때 급출발을 10
회 하면 120cc 정도의 연료가 낭비된다.

## 2. 급가속은 경제 운전의 적

경제적인 운전의 기본은 정속주행이다. 국내 유수 자동차 업체
에서 실험한 결과, 변속주행을 한 경우 정속주행을 할 때 보다
10-30% 정도 연료를 더 쓰는 것으로 알려졌다.

일반적인 정속주행 방법은 액셀러레이터 페달을 70% 정도
까지만 밟아 속도를 올리는 것이다. 이때 페달은 천천히 밟는다.
급가속을 하면 연료 소모량이 20%까지 늘어나므로 가능하면 추
월은 피하는 것이 좋다. 하루 동안 급가속을 위해 페달을 10번쯤
밟게 되면 평균 120cc의 연료가 더 소모된다.

## 3. 주머니를 채우려면 트렁크를 비워라

배기량 1,500cc 차의 경우 10kg의 물건을 싣고 100km를 달리면
약 40cc 정도의 연료가 더 소모된다. 따라서 자동차에 물건을 덜

싣는 것도 경비절감을 생각하는 운전자의 자세라 하겠다. 트렁크에 골프, 낚시, 등산도구 등 불필요한 짐은 없는지 살펴보자. 트렁크에 예비타이어와 공구 정도만 싣고 다니는 것이 절약형 트렁크 사용법이다.

## 4. 주정차시 액셀러레이터는 내버려 두자

간혹 정차 상태에서 액셀러레이터 페달을 깊게 밟아 엔진 회전을 높이는 운전자를 보게 된다. 또한 출발이나 정지하기 전에 액셀러레이터 페달을 과도하게 밟는 운전자도 있다. 이런 운전습관은 주머니에서 돈을 꺼내 길바닥에 뿌리는 행동과 다를 바가 없다. 배기량 1,500cc 차가 이런 행동을 10번 정도 반복하게 되면 60cc 정도의 연료가 낭비된다.

## 5. 공회전 5분 줄이면 700m를 더 달린다

길가에 차를 정차하는 경우 5분 이상 기다릴 것이라면 시동을 끄는 것이 좋다. 다시 시동을 걸기가 귀찮아 공회전 상태로 두는 게으름은 결국 연비를 낮추게 된다. 5분 동안 공회전 상태로 두는 경우 70cc 정도의 연료가 그대로 버려진다. 이 정도면 700m를 달릴 수 있다.

## 6. 타이어 공기압 점검으로 연료 10% 절약

타이어의 공기압을 규정대로 유지하는 것은 연료의 낭비도 막고 타이어의 수명도 늘일 수 있는 좋은 방법이다. 일반적으로 타이어의 규정 공기압에서 10% 부족하게 되면 연료의 소비량은 5-10% 정도 늘어나게 된다. 또한 고속도로에서는 타이어의 공기압을 5-10% 높게 하면 연료가 절약된다. 타이어 공기압을 자주 점검해 주지 않을 경우 하루 평균 60cc 정도 연료가 더 드니 빼먹지 말고 점검해야 한다.

## 7. 연료 과식증, 계획운전으로 바로잡자

운행 스케줄을 잡아 지나갈 도로를 마음에 그려놓으면 임기응변 운전을 피할 수 있다. 주행 계획 없이 운전을 하면 5분이면 갈 거리를 10분 걸려 가는 경우도 생긴다. 길을 잘못 들어 5분 정도 지체하면 약 200cc 정도의 연료를 낭비하게 되는 것이다. 연료를 절약하는 방법 중 가장 쉬운 방법이 주행 거리를 줄이는 것이고 이를 위한 최선은 헤매지 않는 것이다. 가야 할 길을 마음에 새기며 운행 스케줄을 잡는 것이 중요하다.

## 8. 거북이 절약법, 정속운전을 지켜라

일반도로나 국도에서는 60km/h, 고속도로에서는 100km/h 정도가 제한속도이다. 알다시피 정속주행하면 연료 소비를 현저히 줄일 수 있다. 또한 정속주행을 하면 안정된 운전으로 함께 탄 사람에게도 심리적인 안정감을 줄 수 있다.

속도 변화에 따른 연료의 소비량을 따져보면 평균속도

60km/h에서 80km/h로 달리면 연료는 10% 정도 더 소비된다.
서울에서 대전을 80km/h로 가면 100km/h로 갈 때보다 약 25분
정도 늦게 도착하지만 연료는 20−30% 정도 절약된다.

설명에 등장하는 수치는 1ℓ의 연료로 10km 정도를 달리는 휘발유 승용차를
기준으로 계산한 것이다.

# 메커니즘을 알면 연비가 보인다

자동차에는 단순히 엔진의 배기량만으로 연비를 논할 수 없는 미묘한 요소들이 널려 있다. 이런 요소들을 하나씩 따져보면 자동차 연료 절감의 틈새를 찾아낼 수 있다.

### 배기량과 자동차 무게의 상관관계

자동차는 1톤 이상 나가는 무거운 몸집을 지니고 있다. 같은 배기량의 자동차라 하더라도 1톤짜리 몸집을 움직이는 경우와 1.5톤짜리 몸집을 움직이는 경우 당연히 연비에 큰 차이가 있을 것이다. 배기량 2,000cc엔진을 사용하는 공차중량이 1,290kg인 A와 1,465kg인 B의 연비를 비교해 보면 A자동차는 $l$ 당 10.5km를 달릴 수 있고 B자동차는 9.1km밖에 달릴 수 없다. 결론적으로 같은 배기량의 엔진이라도 차 무게가 많이 나가면 그만큼 많은 연료를 소모한다.

## 변속기의 형식 연비와 상관관계가 있다

같은 배기량의 차라도 변속기가 수동인가 자동인가에 따라 연비에 차이가 나기 마련이다. 당연히 수동변속차가 자동변속차보다 연비가 좋다. EF쏘나타 2.0의 경우 수동변속차는 1 $l$ 로 14.1km를 달릴 수 있는 데 반해 자동변속차는 12.3km밖에 달리지 못한다. 자동변속차가 수동변속차보다 동력전달력에서 떨어지기 때문이다.

## 엔진 형식도 연비에 영향을 미친다

가장 일반적인 엔진 형식은 직렬 4기통. 최근에는 엔진의 성능을 높이면서도 정숙성을 얻기 위해 실린더를 V형으로 배치하는 V형 엔진이 등장하고 있다.

국산차에 쓰이는 V형 엔진은 보통 6기통으로 같은 배기량의 4기통 직렬 엔진보다 연비가 낮은 편이다.

2,000cc급 승용차 가운데 SM520과 SM520V가 있는데 같은 배기량의 엔진을 얹고 있지만 엔진 형식이 다르다. SM520의 연비는 11.3km/ $l$ , SM520V의 연비는 10.0km/ $l$ . 연비에 차이 나는 이유는 2개 더 많은 실린더를 갖춘 형 엔진이 조금 더 무거워 에너지 손실이 많기 때문이다.

## 소프트웨어를 한번 더 생각하라

여기서 한 가지 더 지적하고 넘어가야 할 것이 있다. 자동차를 하드웨어로 보았을 때 이를 운용하는 사람의 운전법은 소프트웨어라고 할 수 있다. 앞서 말한 메커니즘을 하드웨어라고 할 수 있으나 사실 하드웨어보다는 소프트웨어의 문제 때문에 연비 차이가 더 발생한다. 운전자가 급출발, 급가속, 급정거 등 '급(急)'자가 들어가는 운전을 한다면 '급'자를 피하는 운전자보다 2배 이상 많은 연료를 소비한다는 사례가 보고된 적도 있다. 1,500cc급 승용차를 급하게 운전하는 사람보다 경제운전을 하는 2,000cc급 승용차의 오너가 훨씬 적은 연료비를 지출하는 것은 어쩌면 당연한 일이다.

장황한 설명이 되어버렸지만 다시 한번 정리하면, 상대적으로 엔진 배기량이 큰 차를 운전하는 사람이라도 차체 무게가 가볍고 수동 트랜스미션을 사용하고 V6형 엔진보다는 직렬4기통 엔진으로 경제운전을 한다면, 무거운 차체에 자동 트랜스미션을 사용하는 V6형 엔진의 난폭운전자보다 기름 소모량이 적다는 것이다. 🚗

# 오감(五感)을 활용해 큰 고장을 막아라

시각(視覺): 각종 계기판으로 이상을 발견한다.

청각(聽覺): 잡음 또는 이상한 소리를 듣는다.

후각(嗅覺): 이상한 냄새를 맡는다.

촉각(觸覺): 페달이나 스티어링 휠이 무거워지는 것을
　　　　　　감지한다.

미각(味覺): 자동차와는 큰 관계가 없다.


차의 이상 징후를 미리 발견해낼 수 있다면 큰 문제를 미연에 방지할 수 있다. 이렇게 되면 수리도 간단하게 할 수 있고 비용도 절감할 수 있다. 말하자면 '가래'로 막을 것을 '호미'로 막는 셈이다.

그 중에서도 운전자가 오감을 활용해 자동차의 상태를 파악할 수 있는 능력을 기르고 그 능력을 발휘하는 습관을 지니면 자동차의 이상 징후를 쉽게 발견할 수 있을 것이다.


## 차가 하는 소리에 귀를 기울이자

소리로 이상 유무를 확인하는 방법을 한번 살펴보자.

자동차 전문가들은 차에서 발생하는 소리와 진동만으로도 이상부분을 찾아낼 수 있다고 한다. 그러나 보통 사람들도 조금만 주의를 기울이면 가벼운 이상 정도는 쉽게 파악할 수 있다.

먼저 좁은 골목길에서 창을 열고 지나 갈 때 구슬 구르는 소리를 듣게 되면 휠 베어링이 손상된 경우가 많다. 수동변속차의 경우는 클러치의 추력 베어링이 마모된 경우이다.

조금 낡은 차에서 '웅' 하는 소리가 나면 트랜스미션 오일 양이 적거나 기어가 마모된 경우이므로 정비소를 찾아야 한다. 가장 흔한 '삐거덕' 소리가 나는 차가 낡은 중고차라면 내장재가 오래되어 변형을 일으킨 경우이므로 크게 고려치 않아도 되지만 새 차의 경우는 조립 과정의 완성도가 떨어졌을 때 많이 나타나므로 대리점을 통해 문의해야 한다.


## 방귀만 봐도 속을 알 수 있다

눈으로 확인하는 방법 가운데 대표적인 것이 배기가스이다. 겨울철 자주 보는 흰색 가스는 고온의 배기가스가 차가운 배기관을 지나면서 만들어낸 수증기이므로 정상이라고 할 수 있다.

반면 푸른색 배기가스는 엔진오일이 연소실 안으로 흘러들어 연소되는 경우이다. 엔진이 낡은 경우 이런 증상이 자주 발생하는데 피스톤 링을 교환해 주면 간단하게 해결할 수 있다.

검은색 배기가스가 나오는 것은 연료가 많이 분사되어 불완전 연소가 일어나는 경우가 대부분이다. 검은색 배기가스는 대기오염을 일으키는 주원인이므로 인젝터를 빨리 손보는 것이 좋다.

## 제 1위험 신호, 냄새

차에서 발생하는 트러블 중 코로 감지할 수 있는 것들은 다른 감각에서 발견하는 것들에 비해 위험한 경우가 대부분이다. 차에서 나는 냄새는 대부분 화재로 연결될 수 있기 때문이다. 따라서 가장 신속한 대처가 필요한 부분이기도 하다.

종이 타는 듯한 냄새나 다림질 할 때 옷이 눌은 듯한 냄새는 브레이크 라이닝의 이상 마모로 발생한다. 따라서 브레이크 계통의 점검이 필요하다. 낡은 차에서는 고무나 플라스틱 재질이 녹는 냄새가 자주 나는데 배선에 이상이 있거나 배선이 녹아서 나는 냄새일 가능성이 높다.

기름 타는 냄새가 차 안으로 흘러 들어오는 경우는 엔진오일이 새는 경우이다. 이때 적절히 조치하지 않고 무리하게 운행하면 화재로 발전할 수도 있다.

휘발유 냄새는 연료가 새는 경우이므로 즉시 차를 멈추고 새는 부분을 찾아 수리해야 한다.

달콤한 냄새가 날 때는 냉각수가 새는 상황이다. 기화된 상태의 부동액은 인체에 좋지 않으므로 새는 곳을 찾아 손봐준다.

마지막으로 엔진에서 휘발유가 연소될 때 발생하는 일산화탄소가 실내로 들어오는 경우인데 일산화탄소는 독성이 강하지만 무색무취이므로 쉽게 발견할 수 없다. 따라서 자주 창문을 열어 환기를 해주는 수밖에 없다.

## 이상진동을 느꼈다면 차를 세워라

평상시와 다르게 페달이나 스티어링 휠에 진동이 있다면 자동차의 어느 부분엔가 이상이 있다는 증거이므로 주의를 기울일 필요가 있다. 이러한 진동은 소음과 마찬가지로 원인을 찾아내기가 쉽지 않다. 자동차 고장 이외의 원인도 있을 수 있으므로 전문가와 상의하는 것이 좋다.

한편 자동차의 계기판에는 엔진 상태를 확인할 수 있는 수온계, 유압계, 충전계, 타코미터 등 다양한 계기가 자리 잡고 있다. 이들의 역할은 자동차의 상태를 알려주는 것이다. 따라서 이 계기들이 자동차 엔진 상태가 이상하다고 경고하면 빨리 차를 정지시키고 원인을 점검해 보는 것이 좋다.

# 타이어의 수명연장 이렇게 실천하라

자동차의 신발인 타이어는 다섯 가지 역할을 한다. 자동차의 무게를 지탱하고, 노면으로부터 충격을 흡수하며, 엔진에서 만들어진 힘을 지면으로 전달해 자동차를 움직이게 하고 멈추게도 한다. 또한 자동차를 원하는 방향으로 움직이도록 하는 역할도 한다.

이렇게 복잡하면서도 다양한 일을 하는 타이어의 건강을 유지하는 일은 자동차 만수무강과 밀접한 연관을 갖는다.

## 1. 타이어 점검습관을 익혀라

타이어 점검은 일상점검 때 함께 하면 좋다. 방법은 차를 평평한 곳에 세워두고 공기압을 점검한다. 공기압 점검 포인트는 타이어의 공기압이 고른지를 확인하고 만약 공기압이 부족한 타이어가 있다면 그 원인을 찾아본다. 타이어에 미세한 펑크가 나지는 않았는지, 휠과 타이어 사이에 미세한 틈이 생겨 공기가 조금씩 빠져나가는 것은 아닌지 확인한다. 네 바퀴를 모두 점검한 후 공기압이 부족하다면 즉시 보충해 준다.

일반적으로 타이어의 공기압은 네 바퀴 모두 동일하게 하지만 앞바퀴굴림차의 경우 엔진과 트랜스미션이 모두 앞바퀴에 몰려 있어 앞바퀴 공기압을 약간 더 높게 해주는 것이 좋다.

타이어의 편마모 상태를 확인하는 방법은 차를 평지에 세운 후 핸들을 한쪽 방향으로 끝까지 감는다. 앞 타이어를 휠 하우스 밖으로 나오게 한 후 세심하게 살펴보면 된다.

타이어의 편마모는 타이어의 공기압이나 자동차의 휠 얼라인먼트와 밀접한 관계가 있다. 타이어의 공기압이 높은 상태에서 장시간 주행하면 타이어 트레드의 가운데 쪽에 편마모가 오게 된다. 반대로 공기압이 부족하면 트레드 양쪽 가장자리 부분이 닳게 된다.

캠버나 토인각 이상으로 타이어에 편마모가 생기는 경우도 많다. 타이어 공기압을 잘 관리해 주었는데도 트레드 한쪽 면이 마모되는 경우는 조향 장치에 이상이 있는 경우이므로 휠 얼라인먼트를 교정해 줘야 한다.

## 2. 앞뒤 타이어 교환으로 수명연장

사륜구동차의 경우에는 반드시 네 바퀴 모두를 순정 상태의 지정 타이어로 장착하는 것이 중요하다. 앞바퀴와 뒷바퀴에 크기나 모양이 다른 타이어를 장착하면 구동 시스템에서 트러블이 일어나거나 심한 경우에는 아예 구동 시스템이 망가질 수 있기 때문이다.

타이어도 소모품이기 때문에 교환의 시기가 온다. 교환시 꼭 살펴야 할 것이 타이어의 마모 상태이다. 타이어는 차량의 구동 형태에 따라 편마모가 일어나는데 타이어 네 개를 한꺼번에 교환하기 위해서 마모상태를 동일하게 유지하는 것도 중요하다.

승용차의 경우는 구동축에 끼워져 있는 타이어가 먼저 닳고 사륜구동차의 경우 앞뒤 모두에 구동축이 있어 네 바퀴가 고르게 닳는다고 알려져 있다.

그러나 일반적인 사륜구동차는 평소에는 뒷바퀴 굴림으로 달리다가 눈비 오는 길 등 험로에서 네 바퀴 굴림으로 전환되기 때문에 뒤쪽 타이어가 먼저 닳는다. 타이어를 한꺼번에 교환하기 위해서 타이어의 닳는 정도를 감안해 타이어 장착 위치를 바꿔 주는 것이 중요하다. 사륜구동차는 3,000km정도 운행하고 뒤쪽 타이어와 앞쪽 타이어를 X자형으로 교환해 주면 타이어가 골고루 마모된다.

타이어를 교환할 때에는 취급 설명서 뒤편에 있는 차량 제원표를 참고해 반드시 규격에 맞는 타이어로 교환해 준다.

## 3. 타이어 트러블 해결하기

타이어에서 발생하는 가장 흔한 문제는 이상 마모이다. 이때는 우선 공기압이 일정한지를 확인해 본다. 만약 일정하지 않다면 공기압을 새로 맞추는 정도로 쉽게 해결할 수 있다.

공기압이 적정 상태라면 하체 쪽에 큰 충격을 받았던 일이 있었는지 기억을 더듬어 본다. 충격을 받았던 일이 있었다면 충격에 의해 휠 얼라인먼트가 어긋나 있을 수 있으므로 카센터에서 휠 얼라인먼트를 교정한다. 충격 없이 이상 마모가 나타나면 임시방편으로 타이어의 위치를 바꿔 타이어가 골고루 닳게 한다.

다음은 소위 '펑크'라고 하는, 타이어의 공기가 급격히 빠져나가는 경우이다. 이런 상황은 주행 중에 자주 발생하는데 타이어의 공기압이 급격히 줄어들면서 자동차가 중심을 잃거나 핸들 조작이 힘들어진다. 이런 상황이 닥치면 침착하게 비상등을 켜고 핸들을 꼭 쥔 다음 달리던 탄력으로 길 바깥쪽으로 빠져나온다. 이때 속도가 완전히 줄어들 때까지는 브레이크를 사용하지 않는다. 펑크가 난 타이어와 온전한 타이어 간의 마찰력 차이로 한쪽 타이어에서만 제동이 걸려 차가 중심을 잃는 상황으로 발전할 수 있기 때문이다.

차를 완전히 세운 후에는 후방 30~50m에 사고를 알리는 삼각표지판을 세운 후 타이어의 상태를 살펴본다. 트렁크에 스페어타이어가 있다면 펑크 난 타이어와 교체해 주면 된다.

방법은 휠 너트 렌치로 펑크 난 타이어의 휠 너트를 약간씩

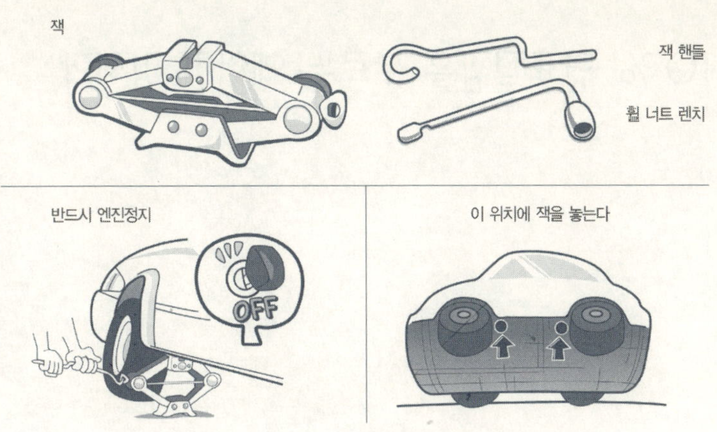


타이어에 펑크가 났을 때는 시동을 끄고 장비를 이용해 스페어 타이어로 교체해 준다.

풀어놓은 후 자키로 차체를 들어올리고 휠 너트를 돌려 타이어를 교환한다. 스페어타이어 교환의 포인트는 자키로 차체를 들어올리기 전에 미리 휠 너트를 약간 풀어주는 것이다. 또한 휠 너트를 풀고 조일 때 대각선 방향으로 순서를 정한다.

마지막으로 타이어의 공기가 서서히 빠져나가는 경우이다. 보통 이런 상황에서는 다시 공기를 주입하고 며칠 동안 관찰해 본다. 만약 계속 공기압이 떨어진다면 정비소에 가서 원인을 찾아야 한다. 대부분 미세한 펑크로 서서히 공기가 빠져나가는 상황이기 쉽다. 하지만 드물게는 알루미늄 휠에 균열이 생겨 공기가 빠져나가는 경우도 있으므로 타이어에 이상이 없다면 휠을 살펴본다. 🚗

# 10% 연료절감을 부르는 에어컨 경제학

가을부터 겨울을 거쳐 봄까지 에어컨을 한 번도 켜지 않는 운전자도 많을 것이다. 에어컨은 냉매가스를 사용해 차 안의 온도를 낮추는데 이 가스는 고압으로 밀봉되어 있다. 따라서 고압이 장기간 지속되면 조금씩 새나갈 수 있다. 에어컨을 사용하지 않는 계절에도 한 달에 한두 번씩 10분 내외로 작동시켜 주면 에어컨 작동 상태를 유지할 수 있다.

### 냉매 충전 전에 누수 여부를 확인하라

에어컨 정상작동 여부를 알 수 있는 간단한 테스트를 해 보자. 에어컨을 작동시켜 차내온도가 약 10℃까지 떨어지거나, 에어컨을 사용하다 정차했을 때 바닥에 물이 떨어져 있다면 냉매가 충분해 에어컨이 정상 작동되고 있는 것으로 보면 된다.

에어컨 성능을 점검하는 방법은 간단하다. 바람이 나오는 입구에 손등을 대어 덜 시원하거나 더운 바람이 나오면 에어컨 성능이 현저하게 떨어져 있다고 보면 된다. 이런 증상의 가장 큰 원인은 냉매 양의 부족. 따라서 냉매 가스를 보충해 주면 대부분의 문제는 해결된다.

그러나 냉매가스가 새는 부분이 있다면 '밑 빠진 독에 물 붓기'이다. 가스를 재충전하기 전에 반드시 누출되는 부분을 찾아 수리를 해야 한다. 특히 파이프 연결부위에 기름에 젖은 흔적이 있다면 그곳이 누출부위일 가능성이 크다.

에어컨의 냉매 누수 점검은 시동을 켠 상태에서 리시버 드라이버 속의 기포 상태로 확인한다. 리시버 드라이버는 보닛을 열었을 때 운전석과 가까운 쪽에 위치해 있는데 알루미늄 재질의 둥근 통모양을 하고 있다. 투명한 통 안에 작은 물방울이 많이 보이면 가스가 부족한 상태이므로 보충해 주어야 한다.

에어컨을 작동할 때 '우르르' 하고 차체가 울리는 소리가 난다면, 에어컨 아이들 풀리 베어링의 마모나 에어컨 콤프레셔 내부의 베어링 손상일 가능성이 크다. 콤프레셔를 작동시키는 에어컨 벨트는 2~3년 정도 사용하면 수명을 다하게 되므로 팬벨트나 타이밍 벨트를 교환할 때 함께 교환해 주어야 한다.

에어컨 냉매를 주입하는 데 걸리는 시간은 보통 40분 정도. 기존에 남아 있던 에어컨 냉매를 회수한 후, 새로운 냉매를 충전한다. 비가 오거나 습한 날에는 수분이 함께 주입될 가능성이 있으므로 맑은 날을 이용해 충전하는 것이 좋다.

## 실내 온도 18-20℃를 유지하라

에어컨은 시동을 건 후 2~3분 정도 지나 엔진이 충분히 예열된 후 작동시켜야 엔진에 무리가 가지 않는다.

운전하기에 가장 쾌적한 자동차의 실내 온도는 18-20℃이다. 햇볕이 없는 곳에서는 20-22℃가 쾌적한 느낌을 준다. 에어컨으로 냉방을 할 때는 상반신과 하반신의 온도차를 6-8℃ 정도로 하는 것이 좋다.

에어컨을 켰을 때 바람의 양이 예전에 비해 적어졌다고 생각되면 외부 공기유입 통로에 설치된 공기필터를 살펴보는 게 좋다. 공기필터에 이물질이 끼거나 필터가 막혔다면 필터를 교환해 줘야 한다. 필터 교환주기는 1만 km가 적당하다.

에어컨을 작동시켰을 때 퀴퀴한 냄새가 난다면 박테리아 감염 때문이다. 이럴 때는 엔진정지 2~3분 전에 송풍레버를 3단 이상으로 세게 트는 방법으로 증발기 안에 있는 수분을 제거하면 어느 정도 효과가 있다. 시중에서 판매하는 박테리아 살균제를 사용하는 것도 퀴퀴한 냄새를 없애는 방법이다. 그러나 살균제는 일시적으로 냄새를 없애주기는 하지만 영구적인 효과는 없다. 에어컨 냄새를 없애고 공기 통로를 청소할 때 사용하는 기성제품으로는 에어컨 통풍구에 직접 뿌리는 에어로졸형과 공기순환 방식의 훈증식 먼지제거제가 있다.

에어컨을 켰을 때는 밀폐된 차내에서 냉각된 공기를 마시게 되는데, 장기간 창문을 닫은 상태에서 에어컨을 작동시키면 눈이 따갑고 머리가 어지러운 현상이 생길 수 있다. 이를 방지하기 위해서 가끔씩 창문을 열어 내부 공기를 환기시켜줘야 한다.

## 최대에서 시작해 단계적으로 낮추라

허리띠를 졸라매는 운전자에게 여름은 별로 반가운 계절이 아니다. 난방은 자동차의 구조상 엔진에서 나오는 '공짜열'을 활용하면 되지만 에어컨은 연료를 더 사용해 가동시켜야 하기 때문이다. 당연히 여름철 기름 먹는 주범이 바로 '에어컨'인 것이다.

$l$ 당 13.5km를 달리는 1,500cc 승용차의 경우 에어컨을 1단으로 켜면 12.1km를, 4단으로 켜면 11.0km밖에 달릴 수 없다는 실험 결과가 있다. 보통 2단으로 에어컨을 가동하고 운전하면 에어컨을 가동하지 않았을 때에 비해 연료가 10%쯤 더 소모된다고 한다. 더구나 피서 때문에 장거리 나들이가 많은 여름에 교통체증으로 인한 공회전까지 감안하면 에어컨 가동으로 인한 연료 소모는 훨씬 더 많다.

그러나 이런 에어컨도 잘 끄고 켜면 제법 많은 연료 소모를 줄일 수 있다.

에너지 절약형 에어컨 사용법은 먼저 에어컨을 세게 켠 뒤, 차 안 기온이 내려가면 약으로 돌리는 것이다. 일반적으로는 '세게 틀면 연료를 많이 먹을 것'이라고 걱정을 하는데, 이런 걱정 때문에 에어컨을 약하게 틀면 연료는 연료대로 소모되고 차 안 온도는 쉽사리 내려가지 않는 상태가 지속된다.

따라서 냉방 효율을 높여 기름 소비를 최소화할 수 있는 에어컨 작동 방법은 처음부터 에어컨을 세게 틀어 차내의 온도를 적정 온도까지 낮춘 뒤 단계적으로 에어컨 단수를 낮추는 것이다. 에어컨은 작동시키기 위해 들어가는 기본 연료 사용량은 큰 반면 단수 조절로 인한 추가 사용은 적기 때문에 오히려 이러한 사용법이 효율면에서 유리하다고 할 수 있다.

그렇다면 에어컨으로 인한 연료 사용을 줄이기 위해 아예 에어컨을 끈 채 창문을 열고 달리면 어떨까?

예상과는 달리 고속으로 주행하는 경우, 공기 저항이 커져 주행을 위한 연료 소비가 많아질 수 있다. 보통 공기를 뚫고 자동차가 지나가는 데 필요한 힘은 속도의 제곱에 비례한다. 그러므로 고속주행 때는 저속보다 공기 저항을 훨씬 많이 받아 연료를 더 소비하게 된다. 다시 말해 창문을 열면 바람이 자동차 안으로 들어오거나 들어온 바람이 밖으로 나가는 불필요한 공기의 흐름이 생겨 추가로 소모되는 연료의 양이 에어컨을 틀어둔 것과 비슷하게 된다. 따라서 환기가 목적이 아니라면 고속주행시는 창문을 닫고 에어컨을 켜는 것이 좋다. 🚙

# 무인 단속카메라 진실 혹은 거짓

요즘은 고속도로 사정이 좋아진 것은 물론, 주요 국도들도 왕복 2차선에서 왕복 4차선으로 확장돼 중앙분리대까지 설치되는 등 준 고속도로화가 진행되고 있다.

하지만 길이 좋아졌다는 기쁨도 잠시 차까지 너무 좋아져 과속이 난무하는 형편이다. 이런 상황에서 과속에 의한 사고를 예방하기 위해 설치된 것이 무인 단속카메라이다. 곳곳에 단속카메라가 설치돼 있어 과속을 하면 여지없이 촬영 대상이 된다. 이제 단속카메라는 운전자에게 공포의 대상이 됐다.

과속 단속은 목 좋은 곳에 그물을 펼쳐놓고 과속을 일삼는 운전자를 단속하는 고정식에서부터 단속카메라를 차에 싣고 이동하면서 위반자를 찍어대는 저인망식까지 그 방법이 다양하다.

여기에 고정식 무인단속기와 이동식 무인단속기의 장점을 합친 차량 탑재 360도 회전 과속 단속카메라 도입까지 시도되고 있다.

현재 단속카메라는 전국적으로 수천 개가 설치되어 있는 것으로 알려져 있다. 이러한 카메라는 용도에 따라 교통량 조사용, 교통상황실 CCTV용, 신호위반 단속용, 전용차로 침범 단속용 등으로 각기 다른 기능을 한다.

## 제한속도 11km/h 초과시 당신도 단속대상

단속카메라에 대한 가장 큰 궁금증은 어느 정도 속도로 달렸을 때 단속 대상이 되느냐 일 것이다. 속 시원히 답을 하자면 제한속도를 11km/h 이상 넘어설 때부터 적발된다. 첨단 무인카메라도 기계적 오차가 생길 수 있기 때문에 10km/h 미만의 과속은 용인하는 것이다.

그럼 무인단속카메라에 찍히면 어떻게 될까? 운전자에 대한 정확한 정보가 없으므로 차주인 앞으로 촬영된 사진과 위반 내용을 통보한다. 다음으로 차주가 출두해서 의견을 밝히도록 하는데 일반적으로는 위반 사실을 인정하고 범칙금 납부 용지를 받아 은행에 납부하면 된다.

범칙금 부과를 위해 10일간의 의견진술 기간을 줬는데도 경찰서에 나타나지 않거나 차주가 확인되지 않으면 과태료 처분통지를 한다. 제한속도를 20km/h 이상 초과했을 경우에는 벌점도 함께 받게 된다. 과태료는 제한속도 20km/h를 초과할 경우 8만

원이지만 벌금이 쌓이면 차를 팔고 싶어도 돈이 없어 팔지 못하는 상황이 생긴다.

## 단속카메라에 관한 몇 가지 거짓

운전자들 사이에서 단속카메라에 대한 공포가 확산되자 단속카메라를 둘러싼 오해와 유언비어들이 떠돌고 있다.

유언비어 중 가장 대표적인 것은 앞차에 바짝 붙으면 안 찍힌다는 것이다. 그러나 이러한 속설과 달리 단속카메라는 필름으로 찍는 아날로그 방식이 아니라 디지털 방식이기 때문에 반드시 찍힌다. 화상을 메모리에 기억시키기 때문에 앞차에 바짝 붙은 뒤차도 단속을 피할 수 없다.

또한 어두운 밤에 촬영이 되지 않는다는 설이 있다. 하지만 카메라에 플래시가 장착돼 있으므로 주위가 어두운 저녁이나 밤중에도 단속을 피할 수는 없다.

번호판에 투명 아크릴판을 붙이면 안 찍힌다는 이야기도 있다. 아크릴판이 빛을 반사해 역광과 같은 효과를 기대하는 것인데 실제로는 그렇지 않다. 일반 투명 아크릴판은 빛을 투과시키므로 아무 소용이 없다. 빛을 반사하는 특수 편광 아크릴판이나 필름이 있긴 하지만 번호판에 그런 것을 씌우고 다니다 경찰을 만나면 당연히 법규 위반 스티커를 받게 된다.

플래시가 터지는 것은 가짜 카메라라는 이야기도 있다. 어떤 운전자는 단속카메라가 적외선 카메라여서 플래시 없이 찍는다는 전혀 근거 없는 이야기를 믿기도 한다. 그러나 사실은 다르다. 밝은 낮에는 플래시가 안 터지지만 밤에는 예외 없이 플래시가 터진다.

조금 더 그럴듯한 유언비어는 초고속으로 달리면 안 찍힌다는 것이다. 이것은 물론 이론상으로만 가능한 일이다. 하지만 카메라 셔터 스피드보다 빨리 달리는 자동차는 아직 지구상에 없다. 또한 단속카메라 한 대가 편도 차로 2개까지 동시에 촬영할 수 있다는 점도 알아두자. 따라서 직접 겨냥하고 있는 차선이 아니더라도 주변 차선 역시 감시영역에 포함된다.

이밖에 잘못 알려진 속설로는 카메라 부근에서만 속도를 줄이면 된다는 것이다. 그러나 과속 차량이 찍히는 곳은 카메라 바로 아래가 아니라 센서가 설치된 장소다. 때로 센서가 카메라 40-50m 앞에 있는 경우도 있으니 눈 가리고 아웅인 셈이다.

마지막으로 떠도는 속설은 단속카메라가 '앞뒤 안 가린다'는 것이다. 대답은 '그렇다' 이다. 카메라는 차가 달려오는 방향, 즉 차 앞쪽을 마주보게 하는 것이 보통. 하지만 180도 방향을 틀어서 차 뒤편 번호판을 겨냥하기도 한다. 마치 반대편 차로를 겨냥하는 것처럼 위장, 운전자의 허를 찌르는 방법도 있다.

단속된 사람들이야 씁쓸하겠지만, 단속카메라의 설치 및 단속 목적은 과속을 예방, 운전자를 보호하는 데 있다. 잔꾀로 한 순간을 모면하는 것이 상책이 아닌 것이다. 명심할 것은 과속으로 인한 사고는 큰 재난이라는 사실이다.

# 자동차 관리 용품 DIY로 골라라

수많은 자동차 용품 가운데 자신에게 필요한 용품을 선택할 때, 가장 염두에 두어야 할 것은 DIY이다. DIY는 'Do It Yourself'의 약자로 손수 유지, 보수할 수 있는 용품을 의미한다. 가능하면 DIY 용품을 골라 비싼 인건비를 절약하며 스스로 자동차 관리를 해 나가는 것이 좋다.

## 외관용 용품 사용하기

자동차 외관을 가꾸는 데 필요한 용품은 세차 용품, 왁스나 코팅제, 도장 보수용 터치업 페인트 정도면 된다. 타이어나 휠에 광택을 주는 스프레이 타입의 전용 왁스도 권할 만하다.

외관용 용품을 사용할 때는 먼저 물과 세차용 샴푸 등으로 세차를 깨끗이 하고 물기를 말끔히 닦아낸다. 이때 최소한의 물만을 사용하여 물 낭비가 없도록 한다.

다음에는 바람이 없고 직사광선이 들지 않는 그늘에 차를 세운 후 왁스를 바른다. 왁스는 상태에 따라 하드 타입과 소프트 타입으로 나뉜다. 하드 타입은 수고한 만큼 결실을 얻을 수 있지만 그만큼 작업에 시간과 정성이 필요하다. 반면에 소프트 타입은 반고체나 액체 상태로 되어 있어 바르기 쉽고 작업도 간단하다. 왁스칠 후에 광내는 작업은 양손에 광택용 헝겊을 들고 가볍고 빠르게 닦아내는 것이 요령이다. 차체에 도장면이 벗겨졌을 때에는 터치업 페인트로 보수한다.

## 실내공간 관리하기

실내공간에 필요한 용품은 쾌적한 공간을 만들기 위한 용품과 청결한 공간을 만들기 위한 용품으로 나눌 수 있다.

쾌적한 공간을 위한 방향제는 자신이 좋아하는 향을 고르고, 눈에 띄지 않는 곳에 두는 것이 포인트다. 가능하면 천연향을 고른다. 여름철 에어컨에서 냄새가 나면 악취제거용 스프레이도 준비한다. 조금 비싸지만 공기청정기도 구비하면 좋다. 공기청정기는 뒷좌석 선반에 두는 것보다 천장에 부착하는 방식이 효과적이다.

청결한 공간을 위한 용품으로는 바닥 매트와 대시보드용 광택제, 시트 청소용 전용 클리너 등을 들 수 있다. 차 내에 쓰레기가 나뒹구는 것이 싫다면 차내 구비용 휴지통도 준비한다.

## 엔진에 활용하는 용품

자동차 외관보다는 성능을 중시하는 차마니아들이 늘어나면서 엔진용 자동차 용품도 많이 사용되는 편이다. 엔진용 용품으로는 엔진오일의 성능향상을 위한 오일 첨가제, 엔진의 내부를 코팅하는 엔진 코팅제, 연료분사장치 세정제, 연료에 첨가하는 연료 첨가제 등을 들 수 있다.

이들 용품은 엔진의 수명과 출력향상에 도움이 되는 용품들이지만 광고하는 만큼의 큰 효과를 얻을 수는 없다. 다만 엔진의 정상적인 동작에 도움을 주는 정도이므로 새 차보다 오래된 차에 사용하면 효과를 볼 수 있다.

## 응급처치용품의 종류

응급처치용품으로는 라디에이터가 샐 때를 대비한 누수 방지제, 스페어타이어를 대신할 수 있는 순간 펑크수리제, 비 오는 날 와이퍼가 제대로 작동하지 않을 때 유리에 발라 시계를 확보할 수 있는 유리 코팅제 등이 있다.

그 밖에도 자동차 용품은 그 종류가 수없이 많다. 필요가 발명을 낳듯이 자동차 용품들도 필요의 산물이다. 물론 모두 준비하면 좋겠지만 자동차에 넣어놓고 다닐 공간이나 금전적인 면에 제한이 있기 때문에 꼭 필요한 것만 준비하는 지혜가 필요하다.

# 정비업소 알고 가면 유리하다

자동차를 갖게 된 이상 정비업소를 찾는 것은 어쩔 수 없는 일이다. 그러나 '제대로 고친 것인가?', '터무니없는 바가지를 쓴 것은 아닐까?' 하는 염려를 떨치지 못하는 것이 차주의 심리.

합리적인 가격으로 자동차를 수리하고 올바르게 관리하기 위해서는 어떻게 하는 것이 좋은가 해법을 찾아보자.

### 신고된 정비업소를 이용한다

속칭 '배터리 가게'라는 곳이 곳곳에 있고, 쉽게 찾을 수 있어 이용이 잦은 편이다. 그러나 엄밀히 말해 이러한 곳은 단순히 자동차 용품을 판매하는 곳으로 정비허가를 받은 곳이 아닌 경우가 많다. 무자격 정비사들이 있기도 해 안심하고 자동차를 맡길 수 있는 여건은 못 된다.

이에 비해 합법 업소는 고가의 첨단 장비를 갖추고 있어 고장의 원인을 비교적 정확히 찾아내고, 무엇보다 수리 부분에 하자가 생길 경우 보상 서비스를 받을 수 있다는 장점이 있다.

또한 부품의 가격과 공임비가 일정하게 정해져 있어 부당한 횡포를 염려하지 않아도 된다. 과잉공임비를 청구할 경우도 배상을 받을 수도 있다.

## 고장 발생시 차 상태를 파악 한다

고장 때문에 정비업소를 찾을 때 정비사가 제일 먼저 묻는 것이 차의 상태이다. '과열 현상을 나타내지 않았나요?', '엔진 소리가 갑자기 커지진 않았습니까?' 하는 정비사의 물음에 '모르겠다'고 일관하는 것처럼 무책임한 행동은 없다.

고장이 발생할 때는 보통 사전에 징후가 나타나기 마련이다. 운전자는 이러한 징후를 정확히 정비사에게 알려 주어야 한다. 다시 말해 정비사가 고장의 원인을 찾아내기까지 참고 자료를 제공하는 자세가 필요하다.

예를 들어 엔진 과열의 원인으로 냉각수 부족, 팬벨트의 고장, 점화 계통의 이상 등 서너 가지 요인을 들 수 있다. 이때 차주는 사전 징후를 충분히 알려줌으로써 구체적인 원인을 파악하는 데 도움을 줄 수 있다.

## 임시변통은 더 큰 손해를 불러 온다

차의 고장을 수리할 때는 근본적인 해결책을 찾아야 한다. 다시 말해 고장이 발생하면 다시 고장이 나지 않게끔 손보는 것이 최선이다. '굴러만 갈 수 있으면 된다' 는 생각은 절대 금물이다. 수리비 때문에 임시변통으로 넘긴다면 당장은 좋을지 몰라도 결국 이중, 삼중의 비용을 부담하게 된다.

예를 들어 배터리의 성능이 떨어졌다면, 왜 그렇게 되었는지 그 원인이 되는 부분을 손보아야 한다. 일례로 그 원인이 제너레이터에 의한 것이라면 당장은 금전적 부담이 가더라도 배터리와 함께 제너레이터 역시 교환해야 한다. 제너레이터는 손보지 않고 배터리만 교환한다면 또 다시 고장이 발생하게 되므로 저렴한 가격을 내세워 미봉책을 쓰는 것은 피해야 한다.

## 중고 부품은 피한다

부품을 교환할 때 중고품은 피해야 한다. 기화기나 제너레이터, 스타팅 모터 등은 고가의 부품이기 때문에 신품보다 중고품을 선택하는 경우가 많은데 현명한 행동은 아니다.

중고품은 고장난 부품을 수리한 것이나, 사고 차량에서 떼어낸 부품이거나, 심지어 폐차된 차량에서 빼낸 것이기 때문께 정상적인 기능은 기대하기 어렵다.

또한 중고품으로 교환했을 때는 하자가 발생해도 보상을 받을 길이 없다.

## 반드시 순정 부품을 사용하도록 한다

제조사에서 수많은 실험 결과를 바탕으로 추천하는 부품을 순정 부품이라고 한다. 자동차를 아끼는 오너라면 순정 부품을 선택하는 것이 현명하다.

물론 순정 부품은 일반제품에 비해 가격이 비싸다. 엘리먼트나 오일 필터는 일반 제품에 비해 1,000~2,000원 비싸다. 하지만 이를 아끼려고 값싼 제품을 사용하는 것은 적은 것을 얻고 큰 것은 잃는 결과를 자초하는 일이다.

한편 간혹 정비업소에서 소모품을 교환할 때 악덕 업소에서 일반 제품을 순정 부품이라고 속여 교환하는 일이 있으니 제조사의 마크와 검사필증을 직접 확인하는 것이 바람직하다.


## 섣부른 참견은 금물이다

정비업소를 찾을 때 자동차를 수리하는 동안 자리를 비우지 않고 지켜보는 것은 훌륭한 자세다. 그러나 수리 전반에 대해 이것저것 이견을 다는 것은 결코 권장할 만한 자세가 못 된다.

부당한 수리에 항의하는 것은 당연한 일이지만 자동차에 대한 지식도 없으면서 이것저것 이견을 내세우는 것은 정비사의 기분만 상하게 만든다. 상대가 미우면 심통을 부리게 되는 것이 사람의 심리이다. 악덕 정비사의 경우 차주가 차에 대해 무지하다는 판단이 들면 과잉 수리 등 횡포를 부릴 수 있다. 섣부른 참견이 오히려 화를 자초할 수도 있는 것이다. 어느 부분을 어떻게 고치는지 묵묵히 옆에서 지켜보다가 차를 잘 아는 이웃에게 확인하는 자세가 훨씬 현명한 처사이다.

## 단골 정비소를 만든다

자동차는 이 사람 저 사람이 타는 것보다 차주 혼자 모는 것이 좋다고 한다. 자동차의 성능을 가장 잘 파악하고 차에 맞춰 운전을 하는 사람이 바로 차주이기 때문이다. 이 말은 자동차 관리에도 적용된다. 되도록 자동차의 성능을 잘 파악하고 있는 한 정비소, 한 정비사가 관리하는 것이 바람직하다.

뿐만 아니라 한 업소를 단골로 삼을 때는 부당한 비용이나 잘못된 정비에 대한 염려에서 어느 정도 벗어날 수 있다. 또 고장의 수리뿐만 아니라 전반적인 관리에도 도움을 받을 수 있으니 믿을 만한 정비소를 선택해 성실한 정비사와 사귀어두는 것은 자동차 관리에 큰 도움이 된다.

> **TIP 자동차도 몸무게를 줄여야 한다**
>
> 차에 쓸모없는 짐 10kg를 싣고 다니면 연비가 3% 낮아지게 된다. 가랑비에 옷 젖는 줄 모른다고 별거 아니라고 생각한 것들이 모여 연비 악화를 부르는 요인이 되므로 차에 필요 이상으로 많은 짐을 싣고 다닌다면 일찌감치 옮겨 두는 것이 좋다.
> 차에 연료를 가득 채우는 것으로도 차가 무거워지므로 2-3만 원 단위로 자주 주유하는 것이 연비를 생각할 때 올바른 주유 습관이다.

# 3

# 보험을 알면 돈이 굳는다

# 보험료, 아는 만큼 깎는다

보험사마다 보험료에 차이가 있다. 따라서 많은 보험가입자들이 보험을 가입하기 전에 여러 보험사에서 견적을 받은 후 비교해 보고 결정한다. 그중에서도 자동차보험은 가격을 중심으로 비교하게 되는데 구체적인 항목들을 살펴보는 것이 알뜰 운전자의 몫이다.

보통 종합보험은 사고가 났을 때 피해 상대방을 보상해 주는 '대인', 상대 차량과 건물 등 기타 물건에 대해 배상해주는 '대물', 교통사고시 운전자와 가족의 부상 혹은 사망에 대한 보상을 해주는 '자손', 자기차량의 파손, 도난, 재해를 보상해 주는 '자차' 네 가지 항목으로 구성되어 있다. 이 가운데 굳이 들지 않아도 되는 항목은 없는지 살펴볼 필요가 있다. 대인, 대물은 교통사고시 형사적인 문제가 발생했을 때 보호막 역할을 해주므로 반드시 들어야 한다. 자기 신체적 피해를 보상해 주는 자손은 건강 보험이라 생각하고 들어 둘 필요가 있다.

그러나 자신의 차가 도난이나 파손됐을 때 보상해 주는 자차는 조금 더 생각해 볼 여지가 있다. 새 차를 구입한 경우나 1~2년 정도밖에 안 된 차를 소유하고 있는 경우는 도난이나 파손시에 큰 손해를 볼 수 있으므로 가입을 고려할 수 있다. 하지만 3년 이상 지난 경우에는, 사고를 냈을 때 자차 보상을 받기 위해 내야 하는 면책금과 보험 처리 후의 보험료 인상을 따져보면 보험 처리가 그렇게 유리하지만은 않다. 따라서 헐값인 오래된 차의 자차 가입은 그렇게 도움이 되지 않는다. 무조건 보험료 가격만 따져보기 보다 상황을 고려해 보험을 선택해야 한다.

---

**T I P  세금 계산 빼먹지 말자**

자동차를 구입할 때 자동차 가격, 연료에 따른 유지비, 보험료 등을 고려한다. 이때 자칫 놓치기 쉬운 것이 세금이다. 일괄적으로 비싼 차에 비싼 세금이 매겨지는 것으로 인식하고 있지만 실상 그렇지 않은 경우도 많다.

일례로 가격이 2004년 현재 1,800만 원대인 EF쏘나타 2.0을 구입하면 처음 3년간 해마다 자동차 세금으로 519,220원을 내야하는 반면 쏘렌토는 차값이 2,500만 원대에 이르지만 자동차 세금은 연간 65,000원에 불과하다.

새 차를 구입할 때 무시할 수 없는 항목이 세금인 것이다. 구체적이고 꼼꼼하게 지출금을 따져보는 자세가 필요하다.

---

# 팔거나 폐차할 때
# 남은 보험금은 돌려받을 수 있다

애지중지하던 차라도 사정이 생기거나 수명이 다하면 팔거나 폐차를 할 수밖에 없다. 이런 경우 자동차보험은 어떻게 처리하는 것이 좋을까?

차를 팔아버리고 더 이상 차를 소유하지 않게 되었다면 남은 보험기간에 대한 보험료를 계산해서 돌려받을 수 있다. 자동차보험을 해약하고 잔여보험기간에 대한 임의보험료를 돌려받으면 된다. 이때에는 양도를 증명할 수 있는 관인매매계약서(양도증명서)를 첨부해서 보험사에 해약을 청구한다.

돌려받는 보험료는 다음과 같이 계산된다.

(계약시 낸 보험료) - (1년분보험료×경과된 보험기간÷365일)

폐차를 하고 앞으로 당분간 차를 소유하지 않을 경우에도 자동차보험을 해약하는 것이 좋다. 폐차로 인해서 자동차보험을 해약하게 되면 잔여보험기간에 대한 임의보험료와 책임보험료를 돌려받게 된다. 이럴 경우 폐차에 필요한 적법한 절차를 밟은 후 등록이 말소된 자동차등록원부를 첨부해서 보험사에 해약 청구를 하면 된다. 이때 말소된 자동차 등록원부를 갖추지 않고 보험사에 해약을 청구하면 돌려받는 보험료가 아주 적어진다.

돌려받는 보험료는 차를 팔았을 경우와 마찬가지로 계산된다.

(계약시 낸 보험료) - (1년분보험료×경과된 보험기간÷365일)

새로 차를 구입한 경우라면 자동차보험을 새 차로 옮기면 된다. 보통 '보험승계'라고 부르는 이 과정에서 차종에 따라 보험료를 더 부담하거나 오히려 되돌려 받는 경우도 발생할 수 있다. 만약 보험 가액이 적은 차에서 보험 가액이 큰 차로 바꾸는 경우라면 보험료를 더 내야 하고, 그 반대의 경우라면 보험료를 일부 돌려받게 된다.

추가 부담 또는 환급되는 보험료는 다음과 같이 계산된다.

(새 차의 1년 보험료 - 이전 차의 1년보험료)×잔여보험기간÷365일

차를 바꾸면서 보험을 승계할 경우에는 서류상의 변경일을 기다리지 말고 실제 운행하는 날짜로 보험처리를 해서 무보험 운행을 피해야 한다.

이때는 이전에 타던 차의 자동차보험을 가입한 보험대리점이나 설계사에게 직접 연락하는 것이 좋다. 중고차매매센터나 신차영업소에 자동차보험을 의뢰했는데 제대로 처리되지 않아 예기치 않은 상황을 맞는 경우도 있기 때문이다. 차를 팔아버리거나 폐차를 하고 난 후 보험을 해약할 때에는 원인이 발생한 날짜를 기준으로 계산하므로 서두르지 않아도 된다.

보험계약의 변경이나 해약에 필요한 서류는 자동차보험료 영수증 또는 자동차보험증권, 양도나 폐차를 증명할 수 있는 자동차등록원부 또는 매매계약서, 보험 가입자의 신분증, 기타 보험사에서 요구하는 서류 등이다.

자동차보험에 가입할 당시 대인배상, 대물배상, 자기신체손해, 무보험차상해, 자기차량손해 등 5가지 종목을 패키지로 계약하면서 5%를 할인받았다면 자동차보험을 해약할 때 보험사에서 할인금액을 돌려달라고 요구한다는 점도 알아 둔다.

자동차보험에 가입한 후 사고가 발생해서 보험을 통해 보상을 받았으면 그 종목은 돌려받을 수 없다. 예를 들어 다른 사람을 다치게 하고 내 차도 부서져서 보험 처리를 받았다면 대인배상과 자기차량손해의 보험료는 해약보험료에서 제외된다.

자동차보험을 해약했다가 3년 이내에 다시 가입할 때는 종

전에 적용받던 할인, 할증률을 다시 적용받게 된다. 반면 3년이 지나게 되면 과거에 적용받았던 할인, 할증률은 모두 사라지고 다시 100%부터 시작된다.

교통사고를 보험 처리한 차량으로부터 보험승계를 받는다면 사고점수까지 승계받게 되기 때문에 업무용 자동차를 대체할 때는 보험승계에 신중을 기해야 한다.

---



고유가 행진이 이어지면서 스포츠 유티리리티 차량(SUV)을 비롯한 레저용 차량(Recreational Vehicle · RV)의 인기가 높다. 극심한 내수 침체 때문에 자동차 시장이 전반적으로 불황이지만 오히려 RV는 판매가 늘고 있다고 한다.

2004년 현재 RV는 $l$당 평균 1,400원대의 휘발유 대신 800원대의 경유를 사용하므로 유지비가 싼 게 가장 큰 장점이다. 연비도 휘발유 차량보다 높다. 2,,000CC인 경유 주유용 수동변속차는 $l$당 연비가 13.9km로 에너지 소비효율 1등급 연비 기준 12.2km을 훌쩍 넘는다. 같은 배기량의 휘발유 수동변속차는 1등급 연비 기준 11.2km에 조금 못 미치는 $l$당 11.1km다. 또한 레저용 차량은 승용차 세단보다 취득세, 등록세, 재산세가 적으므로 새 차를 구입할 시기라면 꼼꼼이 따져 볼 일이다.

# 벌점 0.5점을 무시하지 마라

자신의 과실이 전혀 없는 사고이거나 보험 처리를 해도 보험료가 할증되지 않는 경우에는 이런저런 생각할 필요없이 보험 처리를 하면 된다. 그러나 과실사고는 보험 처리를 해야 할지 말아야 할지를 고민하게 되는데 이때는 판단 기준이 필요하다. 보통 0.5점 사고라고 말하는, 보험료가 할증이 되는 50만 원 이하의 사고가 판단 기준이 된다.

무할증 사고는 사고처리 금액에 관계없이 갱신계약 때 보험료가 계속 할인된다. 그러나 0.5점 사고는 향후 3년간 할인, 할증이 되지 않고 사고 건수가 누적되면 특별할증도 된다.

0.5점 사고의 대표적인 예는 50만 원 이하의 단독 물적사고를 일으켰을 경우이다. 보험회사에서 관리하는 사고기록 점수가

0.5점에 해당하는 경우, 자동차보험의 사고기록 점수가 1년간 0.5점이라면 갱신보험료를 계산할 때 할증이 되지는 않지만 향후 3년간 할인도 되지 않는다. 따라서 자칫하면 매우 높은 보험료를 오랫동안 내게 될 수도 있으며 0.5점 사고라도 2건 이상이 되면 보험료 책정에 매우 불리해 진다.

단독 물적사고는 차량 또는 물건에 대한 손해만을 말한다. 또 보험 처리 금액이 50만 원 이하일 때에만 해당된다. 보험 처리 금액이 50만 원이 넘거나 사람이 다친 경우는 제외된다.

보험에 가입하기 직전 1년간 0.5점 사고가 단 1건만 있어도 다음 계약의 할인, 할증이 3년간 정지된다. 지난 계약 때 할인율을 80%로 적용받았다면 다음 계약도 할인, 할증 없이 3년간 80%가 되는 것이다.

이런 상황은 무사고라면 당연히 염두에 두어야 할 부분이다. 50만 원 이하의 단순한 대물 피해만 입었다면 보험 처리를 해도 다음 계약 때 보험료에 영향을 미치지 않지만 50만 원이 넘는 대물 피해라면 보험 처리를 신중하게 생각해 볼 필요가 있다.

다시 한번 정리하면 0.5점 사고는 다음 계약에서 보험료가 바로 올라가는 것은 아니지만 내려가야 할 보험료가 내려가지 않는 것이므로 실제로는 할증되는 것과 마찬가지가 된다.

그리고 0.5점 사고도 여러 번 있으면 보험료가 할증되는데 1년간 0.5점 사고가 2건 이상 이면 다음과 같이 보험료가 할증된다.

0.5점×사고건수 = 할증점수 (단, 소수점 이하는 버림. 즉 1.5점→1점)

할증점수×10 = 할증률 (1점은 10%가 됨. 전계약 80%→90%)

※ 사고 할증률은 무사고 기록을 3년간 유지할 때까지 계속 적용.


지금까지 설명한 것은 물적사고만 발생하였을 경우이다. 만약 0.5점 사고가 대인피해 사고와 함께 발생했다면 당연히 보험처리를 해야 한다.

---

**TIP 광폭타이어 모르고 끼면 소용없다**

광폭타이어는 일반타이어에 비해 노면과 접촉하는 면이 넓다. 따라서 주행시 자동차의 접지력이 좋아지고 고속주행과 코너링에서 운전자에게 안정감을 준다.

그러나 장시간 광폭타이어를 장착해 주행하다보면 운전자는 쉽게 피로감을 느끼게 된다. 폭이 넓은 반면 높이가 낮은 광폭타이어가 노면에서 주어지는 충격을 흡수하지 못하고 차체와 운전석에 그대로 전달하기 때문이다. 더불어 광폭타이어는 접지소음이 크고 연료의 소모가 많다는 단점도 있다.

따라서 광폭타이어로 타이어를 교체할 때는 신중을 기해야 한다. 새 차에 장착되어 나오는 타이어는 자동차 개발시 그 차의 특성에 맞게 설계된 것이므로 특수용도를 제외하고 굳이 광폭타이어로 바꿀 필요는 없다.

# 사고 후 보험 처리를 해도
## 보험료가 오르지 않는다?

자동차 사고가 났을 때 대형사고의 경우는 앞뒤 가릴 것 없이 보험 처리를 하는 것이 편하다. 그러나 사고의 규모는 작지만 보험 처리를 했을 경우 보험료가 할증될 수 있는 애매한 사고의 경우, 보험 처리 여부를 두고 고심할 수밖에 없다. 이럴 때 보험 처리해도 보험료가 오르지 않는 사고 유형을 알아두면 보험 처리 여부를 판단하는 데 큰 도움이 된다.

자동차보험료가 오르지 않는 사고의 종류에는 여러 가지가 있지만 가장 확실한 경우는 자기 과실이 전혀 없는 사고이다. 자기 과실이 전혀 없는 사고는 크게 다섯 가지가 있다.

첫 번째는 보험회사가 비용을 들여 먼저 처리하고 나중에 과실이 있는 쪽에게 비용을 청구하는 구상권을 행사해서 지급된 보험금을 전액 환입할 수 있는 사고의 경우다. 예를 들어 중앙선 침범, 신호위반, 후미충돌 등 상대차가 100%의 과실을 범해서 가입자에게 손해를 입힌 경우이다. 이럴 때는 가입자가 가입한 보험사에서 먼저 보상을 해주고 상대차에게 구상권을 행사하게 되는데 이때 실제로 구상금을 받았는지 여부와는 관계없이 내 보험료는 할증되지 않는다. 그러나 가입자의 과실이 조금이라도 있었다면 이 경우에 해당되지 않는다.

두 번째는 주차가 허용된 장소에 주차한 가운데 발생한 차량 도난사고와 자기차량 손해사고이다. 이 경우 불법적인 장소에 주차를 했거나 허가된 주차 장소라 하더라도 차량관리가 소홀했다고 판단되면 해당되지 않는다. 차량관리가 소홀한 것으로 볼 수 있는 대표적인 예는 차 열쇠를 차 안에 둔 채 주차하는 것이 다.

세 번째는 화재, 폭발 및 낙뢰에 의한 자기차량사고이다. 이 경우 날아온 물체, 떨어지는 물체 이외의 다른 물체와의 충돌, 접촉, 전복 및 추락에 의해 발생한 화재, 폭발은 제외된다. 보충 설명을 하면 화재, 폭발, 낙뢰 등에 의한 1차적인 피해만 해당된다. 만일 사고 상황에서 차를 옮기다 피해가 발생했다면 보험 처리는 가능하지만 할증이 된다.

네 번째는 무보험자동차에 의한 상해담보사고이다. 조금 말이 어렵지만 보험 전문 용어이기 때문에 단어 그대로 이해할 필요가 있다. 가입자가 보험에 가입하지 않은 차에 의해 다쳤을 경우 무보험자동차에 의한 상해담보특약에 가입되어 있다면 가입자의 보험으로 처리를 할 수 있다. 이때 무보험자동차에 의한 상해사고는 가입자가 자기 차에 탔을 때뿐만 아니라 보행 중이나 다른 사람의 자동차에 탔을 때에 당한 사고도 해당된다.

그 밖에도 보험회사가 운전자 자기 과실이 없다고 판단하는 사고도 보험료가 할증되지 않는다. 물론 보험회사마다 약간씩의 차이가 있을 수 있으므로 보험 처리를 하기 전에 담당 직원에게 확인할 필요가 있다.

당연한 얘기지만 사고처리를 하려면 해당 보험종목에 먼저 가입되어 있어야 한다. 예를 들어 위에서 둘째와 셋째 사고는 '자기차량손해'에, 넷째의 사고는 '무보험차상해'에 가입되어 있어야 한다. 그리고 보험료 할증이 안 되는 사고라도 보험 처리 때 자기부담금은 내야 한다. 도난사고이거나 전부손해인 경우만이 예외이다. 자기부담금은 보험에 처음 가입할 때 5만 원, 10만 원, 20만 원, 30만 원, 50만 원 중에서 선택할 수 있다.

---

**TIP 타이어 공기가 빠지면 돈도 빠진다**

타이어 공기압이 10%정도 낮아지면 5-10% 정도 연비손실을 불러온다. 공기압 부족이 심해져 20%이상 부족하면 130km/h 이상 고속 주행에서 펑크가 날 위험이 있다.

반대로 공기압이 너무 높아도 타이어와 도로의 마찰력이 줄어 연료가 낭비된다. 알맞은 타이어 공기압을 유지하는 것은 절약운전뿐만 아니라 안전운전에도 필수 요건이다.

# 사고처리, 정신만 차려라

현대인에게 자동차사고는 언제 어디서 어떤 형태로 다가올지 모른다. 따라서 자동차사고가 일어났을 경우 피해를 줄이는 방법들을 알아두는 것이 절실히 필요하다.

절친한 친구 K대리의 상황을 빌어 이야기를 해보자. 바쁜 오전 일을 대충 끝내고 회사로 들어가려는 K대리. 남영동 전철역 입구로 들어서기 위해 버스 전용 차로를 피해 우회전을 하려던 중 횡단보도에 보행신호가 켜져 신호대기를 하고 있었다. 그런데 이게 웬일, 운전석 쪽을 급히 지나던 영업용 택시가 K대리 차의 운전석 쪽 휀더와 범퍼를 우그러뜨려 놓고는 태연하게 횡단보도 앞에 가서 서는 것이다.

눈에 불이 번쩍 날 정도로 화가 난 K대리는 벼락같이 문을 열고 나가 영업용 택시 운전기사의 멱살을 잡았건만 운전기사는 "당신이 갑자기 튀어 나왔잖아"라며 오히려 목청을 높이는 것이 아닌가. 황당한 K대리, 결국 경찰서 교통민원실까지 갔건만 6:4의 피해자라는(자기 과실이 40%, 상대방 과실이 60%인 쌍방과실 판정) 판정을 받고 보험 처리를 해야 하는 억울한 상황에 놓여 버렸다.

K대리가 이런 상황에 놓인 이유는 무엇일까?

첫째, 사고 당시 상대방에 대한 분노로 흥분한 나머지 잘잘못만을 따지다 사고 현장의 정황을 제대로 확보하지 못한 점. 둘째, 주변에서 사고 당시의 상황을 확인해 줄 만한 목격자를 확보하지 못한 점. 셋째, 자신은 정지 상태에 있었고 가해차가 진행하면서 접촉사고를 낸 상황에 대한 강력하면서도 정확한 설명을 하지 못한 점 등이다.

## 가벼운 접촉사고도 합의서를 챙겨둔다

'호랑이에게 물려가도 정신만 차리면 산다'는 속담처럼 사고를 당했을 때에는 무엇보다 이성적으로 상황을 해결하려는 의지를 갖는 것이 중요하다.

단독사고나 가벼운 접촉사고는 현장에서 당사자끼리 합의해서 처리하는 것이 좋다. 여기서 단독사고는 주택이나 담벼락, 교량, 전신주 또는 말, 개, 가로수 같은 타인의 재물을 들이받는 사고를 뜻한다. 가벼운 접촉사고란 사람이 다치지 않은 단순한 대물사고를 말한다. 이때는 보험에 가입돼 있으면 무조건 형사면책이고 미가입자라 하더라도 당사자 간에 합의가 이뤄지면 형사면책이 된다.

접촉사고가 발생했을 때는 무조건 목청을 높일 것이 아니라 사고 경위와 피해 정도, 과실의 소재 등을 논리적으로 따져본다. 종합보험 가입자인 경우 피해액이 50만 원 이상일 때 보험 처리를 하고 보험 미가입자이거나 피해액이 50만 원 미만으로 경미할 때는 현장에서 합의하여 처리하는 것이 현명하다.

현장에서 처리할 때는 나중을 생각해 피해자로부터 각서나 합의서를 받아 두는 것이 좋다. 그리고 해당 경찰서에 가서 사고 사실을 신고하고 '교통사고 사실 확인원'을 받아 둔다. 이 경우에는 도로교통법 위반으로 스티커를 발부받게 되는데 멀쩡했던 피해자가 나중에 부상을 가장해 뺑소니로 신고할 수도 있으니, 호미로 막을 것을 가래로 막아야 하는 경우를 생각하면 스티커 정도는 감수할 수 있을 것이다.

자신의 명백한 과실로 접촉사고가 나는 경우가 있다. 이런 경우에도 피해자에게 과실이 없는지 냉정하게 따져보아야 한다. 피해자에게도 과실이 있다면 과실상계율을 적용하여 배상을 적게 할 수 있다. 과실상계에 대한 부분은 전문적인 부분으로 보험회사에 사고 당시의 상황을 정확하고 자세하게 설명하면 보험회사에서 처리해 준다.

한편 사고가 났을 때 피해자에게 면허증이나 검사증을 주기도 하는데 경찰관 이외의 사람에게는 절대 주지 말아야 한다. 면허증을 건네주는 것 자체가 사고를 100% 자신의 실수로 인정한다는 것이 될 수 있기 때문이다.

## 사람이 다쳤을 경우 냉정하게 대처하자

자동차사고를 당하게 되면 누구나 당황해 우왕좌왕하기 쉽다. 마음이 모질거나 너무 나약한 사람의 경우는 사고 현장에서 뺑소니를 치기도 한다.

그러나 사고는 이미 벌어진 것. 슬기로운 처리만이 현명한 대처방법이다. 자신이 피해자라면 하루빨리 건강을 회복하고 경제적인 손실을 복구하는 것이 최선이고 자신이 가해자라면 과실을 인정하고 책임을 지는 자세가 중요하다.

사고가 나면 즉시 자동차를 멈춰야 한다. 빨리 차를 세우지 않고 주춤거리면 나중에 뺑소니 혐의를 받게 될 수 있다. 뺑소니 판정을 받게 되면 '피해자 구호의무 위반'이라고 하여 무거운 처벌을 받을 수 있다.

차를 세웠다면 얼른 밖으로 나와서 부상자가 발생했는지 확인하고, 부상자 발생시에는 응급조치를 해 병원으로 후송해야 한다.

응급조치 방법을 소개하자면 환자가 출혈이 심할 경우 상처를 기준으로 심장 가까운 쪽에 지혈지점을 잡아 스타킹이나 손수건 등으로 묶어 준다. 환자가 의식을 잃었을 때는 머리를 뒤로

젖혀 기도가 막히지 않게 한다. 머리나 목, 척추 등을 다친 환자
는 질식이나 출혈을 방지하는 최소한의 조치만 취한 채 전문 구
호요원이 도착할 때까지 기다려야 한다.

부상자 응급조치와 동시에 교통을 원활하게 하고 다른 사고
가 일어나지 않도록 하는 위험 방지 조치를 해야 한다. 고장 표
지판이 있다면 사고 차량의 뒤편으로 100m, 야간이라면 200m
후방에 설치하고 표지판이 없다면 주변에 부탁해 사람이 직접
나서서 뒤에 오는 차에게 위험을 알리도록 한다.

인사사고는 반드시 경찰에 신고하여 처리해야 한다. 사고가
발생하면 적어도 세 시간 이내에 경찰서에 신고해야 한다.

교통사고를 당한 당사자라면 사고경위를 메모하고 증인 및
증거를 확보해야 한다. 카메라가 있다면 사고 차량과 부상자 위
치, 현장주변의 모습 등을 여러 각도에서 촬영하고, 백묵이나 분
무페인트, 못 등으로 바퀴자리를 표시해, 현장 약도 및 사고 상
황을 육하원칙에 따라 상세하게 기록해 둬야 한다.

①사고 차량의 번호 ②차량의 소속 ③차주 성명 ④차량 종
류 ⑤운전자 성명 ⑥운전자와 차주와의 관계 ⑦운전자의 면허
번호 ⑧보험 가입 여부 ⑨보험의 종류와 증권번호 ⑩피해자의
성명과 나이 ⑪직업 ⑫입원한 병원과 병실번호 ⑬피해 차량을
입고한 정비업소의 이름과 장소 ⑭사고 일시 및 장소 ⑮사고유
형 및 그 밖의 특징 등을 꼼꼼히 기록한다.

이 때 사고 현장을 목격한 목격자를 확보하는 일은 매우 중

요하다. 목격자의 인적사항, 연락처를 적어두고 사고장소에서 목격 내용 진술서 또는 확인서를 받을 수 있으면 더할 나위 없이 좋다. 추후 진술에 대비하여 목격자에게 부상자 구호나 호송, 안전조치 등을 부탁하는 것도 좋은 방법이 된다.

다음으로 할 일은 보험회사에 사고내용을 통보하는 것. 자신이 가입한 보험회사 직원이 한시라도 빨리 현장에 도착해야 자신에게 유리해진다. 물론 이에 대비해 평소에 보험료영수증이나 보험증권, 검사증 같은 구비서류를 차 안에 갖추고 다녀야 한다.

**사고에 대비해 차 안에 갖춰야 할 것들**

- 보험료영수증(보험료 유효기간 확인)
- 검사증
- 운전면허증과 주민등록증
- 스프레이(백색)와 카메라
- 보조키
- 비상삼각대
- 보험사 및 긴급출동서비스 연락처

## 교통사고 처리를 위한 증빙서류와 작성요령

1_ 차량사고 경위 진술서: 상대방 차량이 과실을 인정할 경우에는 첨부양
식에 의해 진술서를 받는다.

2_ 교통사고 처리 합의각서
- 가해자의 경우에 피해자가 신고해 뺑소니로 오인될 수 있으니 합의각
  서를 받는다. 단, 사고 후 신체에 이상이 있을 때는 보험 처리하겠다는
  단서를 명시한다.
- 과실로 소액의 보상을 했을 때는 '교통사고 처리 합의각서' 를 받아야
  추후에 불이익을 당하지 않는다.

3_ 교통사고 처리협조 요청서: 차량 사고시 가해 및 피해 차량의 과실이 분
명치 않은 상태에서 두 차량 모두 보험 가입이 돼 있다면 '교통사고 처
리 협조요청서' 를 작성해 보험사에 보낸다. 보험사에서 과실상계에 따
라 처리해 준다.

*단, 보험(대인배상Ⅱ, 대물배상)에 가입했을 때는 '자동차보험 가입 사실 증
명원' 만 제출하면 교통사고처리특례법 제3조 2항을 적용, 공소권 없음으로
원인행위만 도로교통법이 적용된다.

# 교통법규 위반도 보험료를 올린다

일반적으로 안전운전을 하지 않는 운전자가 사고에 노출될 가능성이 높다. 또한 안전운전을 하지 않는 운전자는 교통법규를 위반할 가능성도 높다. 따라서 보험회사의 입장에서 볼 때 교통법규를 위반하는 운전자는 사고를 일으킬 확률이 높은 운전자가 된다.

이런 이유로 지난 2000년 9월 1일부터는 교통법규 위반 운전자들의 자동차보험료가 할증되기 시작했다. 시행 초기에는 교통법규 위반 경력자의 모든 차량에 대해 2년간 최고 20%의 보험료를 할증시키고 교통법규를 잘 지킨 운전자에게는 2년간 0.6%의 보험료를 할인해 주었다.

이 제도는 개인이 소유한 승용차, 버스, 화물차의 자동차보험에만 적용된다. 법인이나 관공서의 자동차보험에는 적용되지 않는다.

그렇다면 교통법규를 위반하면 보험료가 얼마나 할증될까? 무면허운전, 음주운전, 사고발생시조치 위반 등은 1회만 위반해도 매년 최고 10%씩 2년 동안 최고 20%의 보험료가 할증된다. 그리고 신호 및 지시, 중앙선침범, 속도제한 등은 1회를 위반하면 보험료가 할증되지 않지만 2회를 위반하면 매년 최고 5%씩 2년 동안 최고 10%가 할증된다. 나머지 교통법규 위반은 보험료가 할증되지 않는다. 그러나 보험료를 할증시키는 법규 위반의 종류는 변경될 수 있다.

과거에 교통법규를 위반한 것을 자동차보험료 할증에 적용시키는 방법은 조금 복잡하다. 과거 2년간의 교통법규 위반실적을 향후 1년간의 보험계약시에 적용하게 되는데 예를 들어 2001년 5월 1일부터 2003년 4월 30일까지 위반한 교통법규가 2003년 9월1일부터 2004년 8월31일 사이에 가입하는 자동차보험료를 올리는 참고자료가 된다.

다행히 여러 번 교통법규를 위반했다고 해서 보험료 할증률이 계속 높아지지는 않는다. 과거 2년간의 교통법규 위반실적에 대해서 부과할 수 있는 최고 할증률은 10%이므로 아무리 교통법규를 많이 위반했더라도 할증률은 10%를 넘기지 못한다.

만약 교통법규 위반을 많이 한 운전자가 여러 대의 자동차를 갖고 있다면 어떤 차에 보험료를 할증시킬까? 조금 잔인하지만 여러 대의 자동차보험료를 모두 할증시킨다. 5대의 자동차를 가지고 있다면 5대 모두의 보험료가 할증된다. 따라서 자동차를 많이 갖고 있는 사람이 교통법규를 위반하면 수백만 원을 손해볼 수도 있다.



1. 냉각효율을 높이고 연료 소모를 줄이기 위해 처음 가동할 때는 4-5단으로 세게 켰다가 냉기가 어느 정도 순환되면 1-2단으로 낮춘다.
2. 완전 전자식 에어컨은 설정온도에 따라 냉기 배출량이 달라지므로 실내온도를 외부 기온보다 5-7℃ 낮게 설정한다.
3. 고속 주행 상태에서 에어컨을 가동하면 압축기에 순간적으로 무리가 가면서 연료 소모량이 늘고 압축기가 손상될 우려가 있다. 신호대기 등 정지상태에서 켠다.
4. '외부 흡입' 모드로 놓아두면 따뜻한 외부 공기가 계속 유입돼 에어컨을 켜 두어도 시원하지 않고 연료만 더 소비된다. 빠르게 냉방하고, 냉기를 오래 유지하기 위해서 공기순환 밸브를 '내부 순환'으로 돌려놓는다.
5. 오르막이나 막히는 도로에서 엔진부하가 높아져 연료 소모량이 증가하므로 에어컨을 켜지 않는 것이 좋다.

# 브랜드에 대한 집착을 버려라

주로 손해보험사가 운영하고 있는 자동차보험은 오프라인과 온라인을 통해 치열한 경쟁을 벌이고 있다. 한결같이 최고의 서비스와 최저 보험료를 내세우며 고객의 관심 끌기에 열중이다. 그러다 보니 많은 운전자들이 보험사의 제안서를 접하고도 이 조건이 정말 좋은 조건인지 쉽게 판단하지 못하는 지경에 이르게 되었다. 보험사에 대한 판단기준이 될만 한 자료가 부족한 상황이다.

사람들은 막연하게 '보상을 잘 해주는 보험회사가 있다'고 생각한다. 그러나 사고 보상은 보험회사에서 가입자에게 직접 해주는 경우도 있지만, 사고 피해자에게 해주는 경우가 대부분이다. 사고 보상은 피해자가 부상을 당했을 때 치료를 해주거나 차량이 손상되었을 때 수리를 해주는 것을 말하는데 이런 일은 병원이나 정비업소에서 한다. 그리고 병원과 정비업소는 보험사에 따라 손님을 차별하지 않는다. 보험금을 지급하는 기준도 보험사에 따라 다르지 않으므로 사고 보상에 따른 보험사 차별은 존재하지 않는다.

물론 합의를 볼 때 담당하고 있는 보험사 직원이 얼마나 친절한지는 차이가 있을 수 있다. 그러나 보험 가입자가 사고 처리 과정에서 보험사 보상 담당 직원을 만날 기회는 그리 많지 않다. 운전자는 보상청구 서류를 병원이나 정비업소에 제출하고 보험사는 그 서류를 심사하여 보험금을 지불한다.

간혹 보험사 직원을 직접 만나게 되는 경우가 있는데 제대로 간판을 걸고 영업을 하는 보험사라면 이런 종류의 보험금을 지급하는 데 이 핑계 저 핑계를 대며 꾸물거리는 곳은 없다.

큰 사고가 나면 보험사의 규모나 시스템에 따라 대응하는 속도나 방법이 다르지 않겠는가라고 생각할 수도 있다. 그러나 대형 사고일 경우에는 보험사를 대리하는 손해사정회사의 직원이나 변호사가 나타날 가능성이 더 높다. 이런 전문적인 사람들이 사고를 처리하게 될 경우 보험회사의 규모와 처리 결과가 반드시 연관성이 있다고 보기는 어렵다.

따라서 자동차보험을 가입하면서 사고 보상이 잘 되는 보험사를 고르는 데 너무 고심하지 않아도 될 것 같다. 금융감독원에서 경영에 문제가 있다고 공개한 보험사가 아니라면 사고 보상에는 별 차이가 없기 때문이다. 🚗

# 당황 · 황당 트러블
# 알뜰하게 대처하기

# 갑자기 시동이 걸리지 않을 때

갑자기 시동이 걸리지 않으면 운전자는 당황하지 않을 수 없다. 너무 당황한 나머지 연료가 떨어진 것도 모른 채 정비소로 급행하는 운전자도 있다. 그러나 문제는 연료도 있는데 꼼짝없이 서 버리는 경우이다.

시동이 안 걸리는 차의 운전석에 앉은 당신, 가장 쉽게는 견인차를 불러 정비소로 직행할 수도 있겠으나 견인비용이 아깝다고 느껴진다면 어떻게든 손수 해결해 보려고 할 것이다. 그럼 어떤 것들을 점검해 볼 수 있을지 보닛을 열어보자.

**연료펌프가 제대로 작동하는가 살펴본다**
연료는 충분히 있어도 연료가 연소실에 공급되지 않으면 시동은 걸리지 않는다. 연료를 연소실에 공급하는 부품은 여러 가지가 있는데 그 중 가장 중요한 것이 연료탱크의 연료를 엔진 쪽으로 보내는 연료펌프다. 대부분 연료탱크에 장착돼 있으며 전기모터로 작동한다. 이 연료 펌프의 작동상태는 소리로 판단할 수 있다. 시동을 걸 때 열쇠를 완전히 돌리지 말고 시동키 삽입구 주위에 표기되어 있는 'II' 위치까지만 돌리면 계기판에 각종 경고등이 켜진다. 이때 연료탱크 쪽에서 연료펌프가 작동되는 '위~잉' 하는 소리가 약 2초 동안 들린다면 연료펌프가 정상적으로 작동되는 것이다. 소리가 들리지 않는다면 견인을 하거나 출장 수리센터에 연락해 증상을 설명하면 된다.

덧붙여 설명하자면 연료펌프에 의해 전달되는 연료는 연료필터를 지난다. 연료필터는 연료 내 불순물이나 수분 등을 제거해 주는 역할을 한다. 겨울철에는 연료 내 함유된 수분이 얼어 연료의 흐름을 방해해 시동이 걸리지 않을 수 있으므로 약 2만 km 주행하면 연료필터를 교환하는 것이 좋다.

### 스타트 모터는 작동하는가? 전조등으로 확인한다

차의 보닛을 열고 엔진의 블록과 트랜스미션이 맞닿는 부분을 보면 조그만 보온도시락 크기의 원통형 쇠뭉치가 있는데 이것이 스타트 모터다. 스타트 모터는 차를 움직일 수 있는 최초의 동력을 만드는 일을 하는데 스타트 모터가 작동하지 않으면 시동이 걸리지 않는다. 스타트 모터의 동력은 배터리에서 얻는다. 따라서 스타트 모터의 전원인 배터리에 전류가 남아있지 않다면 자동차의 시동을 걸 수 없다. 시동키를 돌렸으나 스타트 모터가 전혀 돌아가지 않을 때 먼저 배터리에 전력이 있는지 살펴본다.

전조등을 켜서 불빛의 밝기를 보고 전기의 양을 측정해 보는 것이 가장 손쉬운 방법이다. 불빛이 약할 경우에는 배터리가 방전되어, 스타트 모터가 돌아가지 않는다는 얘기다. 이때는 지나가는 차로부터 부스터 케이블로 전력을 공급받아야 한다. 비상용구로 부스터 케이블을 갖추고 있다면 한 번의 부탁으로 가볍게 해결할 수 있다. 시동을 걸고 가까운 정비소로 가 배터리를 충전한다.

## 전조등이 켜진다면 배터리 터미널을 의심하라

시동키를 돌렸을 때 전조등이 켜지고 엔진에서 '짤깍' 하는 소리가 짧게 들릴 뿐 모터가 돌지 않는 경우, 배터리 터미널에서 나온 전기선과 스타트 모터의 접속부위가 풀리지 않았나 살펴보아야 한다. 만약 접속부분의 상태가 좋지 않으면 이음새의 조임 나사를 조이면 된다.

이 밖에 시동이 걸리지 않을 때 조금 무거운 공구로 스타트 모터 위의 스타트 스위치를 가볍게 두드리면 모터가 돌아가는 경우도 있다. 큰 효과가 없을 때에는 스타트 모터의 고장으로 보고 정비소를 찾아야 한다.

# 달리던 차의 브레이크가 듣지 않을 때

운전자가 가장 당황하게 되는 경우는 갑자기 브레이크가 작동하지 않는 경우이다. 이때에는 먼저 핸드 브레이크가 잠겨 있는지 확인해 본다. 만약 잠겨 있다면 풀어주고 차를 길가에 세운 후 타이어의 휠이 뜨거운지를 살펴본다. 뜨겁다면 휠을 식힌 후 다시 운행하면 된다. 이때 대부분의 원인은 핸드 브레이크를 풀지 않고 운행해 브레이크 패드에서 발생하는 열로 성능이 떨어졌기 때문이다.

만일 핸드 브레이크를 점검하는데 핸드 브레이크가 풀어져 있는 상태라면 긴 언덕길을 브레이크만 이용해 내려오지 않았는지 되짚어 본다. 만약 이렇게 브레이크를 과도하게 사용한 경우라면 차를 세우고 네 바퀴의 휠이 모두 뜨거운지 확인해 본다.

뜨겁다면 역시 브레이크를 과도하게 사용해 베이퍼 록 현상이 발생한 것이다. 베이퍼 록 현상은 브레이크를 사용하면서 발생한 열이 브레이크액을 뜨겁게 만들면서 기포가 생겨 성능을 떨어뜨리는 것을 말한다. 이때도 차를 세우고 열을 식히면 된다.

이번에는 브레이크가 서서히 듣지 않게 된 경우이다. 브레이크 패드 마모나 브레이크액이 오래 된 경우 많이 발생한다. 패드의 마모 여부와 브레이크액의 변질 여부를 확인해 보고 교환해 주면 된다.

다음은 계기판에 브레이크 경고등이 켜지는 상황이다. 이때는 먼저 차가 평평한 곳에 있는지 살펴본다. 경사진 곳에 있다면 평평한 곳으로 차를 옮긴 후 계기판을 다시 살펴본다. 이때 경고등이 꺼진다면 브레이크액이 부족한 상황이므로 보충해 주면 된다.

다음으로 핸드 브레이크가 풀려 있는지 확인하고 풀려 있지 않다면 풀어 준다. 만일 풀려 있는 상태라면 보닛을 열어 브레이크액이 충분한지를 확인해 보충해 주면 된다.

핸드 브레이크도 정상이고 브레이크액도 충분하다면 경고등 센서의 배선 불량일 수 있는데 이 경우는 브레이크 성능과는 큰 관계가 없다. 🚘

# 연료통에 물이 들어갔을 때

'물과 기름은 상극'이라는 말이 있다. 도저히 어울릴 수 없는 관계라는 말이다. 이런 진리는 자동차에도 어김없이 적용된다.

연료탱크에 물이 들어가면 어떤 일이 벌어질까? 당연히 엔진은 멈추고 꼼짝할 수 없는 상황에 빠지고 만다. 그리고 많은 시간과 비용이 필요한 수리 작업으로 이어진다.

주유 중 빗물이 아주 조금 흘러들어간 정도로는 별 이상이 나타나지 않지만 휘발유가 물과 섞이게 되면 시동을 거는 것조차 힘들어진다. 어찌어찌해서 시동이 걸리더라도 엔진 점화기 이상으로 노킹 현상이 발생하고 출력도 현저하게 떨어진다. 주행 중 갑자기 엔진이 멈추는 현상도 나타날 수 있다. 특히 연료관에 미세하게 남아 있던 수증기가 혹한기에 얼어버리면 아예 시동조차 걸 수 없는 상태가 된다.

경유를 사용하는 엔진 역시 연료가 물과 섞이면 시동이 걸리지 않고 엔진에도 손상을 준다. 이를 방지하기 위해 엔진의 연료필터 부근에 연료의 물을 제거하는 장치가 있다. 시동을 걸기 전에 이곳에 모여 있는 물을 제거해 준다.

연료에 물이 섞이는 일은 드물지만 차가 침수됐거나 빗속에서 비상급유를 하거나 연료주입구를 제대로 닫지 않은 경우에 연료통에 물이 들어갈 수 있다. 일단 연료통에 물이 들어가면 차를 하루 이상 세워둔 뒤 연료통 바닥에 있는 드레인 볼트를 열어 바닥에 가라앉은 물을 빼내고 새 연료를 넣어야 한다. 그러나 최근에는 누유 위험을 감안해 드레인 볼트로 물을 뺄 수 있는 이 장치를 없앴다. 따라서 일단 물이 들어가면 연료탱크를 들어내 내용물을 빼내고 청소할 수밖에 없어 예상외로 만만치 않은 수리비가 든다.

그밖에 연료통에서 일어날 수 있는 대표적인 트러블은 연료가 떨어진 경우이다. 보통 계기판에 연료 부족을 알리는 경고등이 들어오고도 70-80㎞ 정도는 더 달릴 수 있다.

자동차보험에 가입한 경우, 대부분의 보험사에서 긴급 출동 서비스를 통해 무료주유 서비스를 실시하고 있으므로 이를 활용한다. 🚗

# 브레이크에서 소음이 들릴 때

브레이크를 밟았을 때 '끽' 하는 소음이 발생하면 당황하는 운전자들이 많다. 그러나 절대 당황할 필요가 없다. 이것은 브레이크 패드와 디스크 로터가 마찰할 때 발생하는 진동이 디스크 로터를 울려 나타나는 소음이다.

이를 사라지게 만드는 방법은 의외로 간단하다. 브레이크 패드 뒤쪽에 그리이스를 얇게 발라주기만 하면 된다. 이때 주의해야 할 것은 브레이크 패드와 로터가 마찰하는 부분에 그리이스가 절대 닿지 않도록 하는 일이다. 이 부분에 그리이스가 묻게 되면 마찰력이 크게 떨어져 브레이크가 제 성능을 발휘할 수 없기 때문이다.

그러나 만약 이런 방법으로도 소음이 사라지지 않는다면, 브레이크 패드를 조금 손봐야 한다. 먼저 브레이크 패드 중간을 쇠톱으로 약간 갈아내고, 패드의 모서리를 비스듬하게 잘라낸다. 이렇게 하면 브레이크의 성능은 그대로 유지한 채 브레이크 패드와 로터가 마찰할 때 발생하는 소음을 경감시킬 수 있다.

사실 브레이크를 밟을 때 발생하는 이러한 소음은 브레이크 시스템 가운데 클리퍼나 로터 때문에 발생하는 경우도 있지만, 무엇보다 가장 큰 원인은 브레이크 패드의 재질 때문이라고 할 수 있다.

예전에는 브레이크의 재질로 석면계가 주종을 이루었지만, 석면계 물질이 발암성 물질이라는 판정이 나온 이후로 비석면계 재질로 바뀌었다. 게다가 일반 브레이크 패드보다 성능이 뛰어난 메탈 재질의 패드도 등장했다. 모터스포츠용 차량들이 대부분 메탈 재질의 브레이크 패드를 사용하고 있다. 그러나 이러한 재질을 사용하면 소음을 발생시키기 쉽다. 한마디로 브레이크 패드가 점차 고성능화되면서 나타나는 옥에 티라고 볼 수 있다.

최근에는 제조 기술의 발전으로 점차 소음이 줄어들기는 했지만 재질의 강성 때문에 아직 완벽하게 사라졌다고는 할 수 없다. 🚗

# 운전 중 차체에서 소음이 들릴 때

시간이 지나 낡게 되면 자동차도 여러 부분에서 삐걱거리는 소리가 나기 마련이다. 특히 사람의 관절에 해당하는 접속부분에 손상이 와서 삐걱거리거나 달그락거리는 잡음이 발생하는 경우가 많다.

그러나 이러한 잡음이 발생하는 곳을 찾아내는 일은 그리 쉽지 않다. 이러한 소리는 자동차가 정지해 있는 상태에서는 거의 들리지 않고 자동차가 달리고 있는 상태에서, 그것도 노면이 나쁜 언덕길에서만 들리곤 한다. 때문에 감각이 둔한 사람에게는 거의 들리지 않고 설사 들었다고 해도 그 소리의 진원지를 정확하게 찾아내기는 쉽지 않다.

이런 주행 중 잡음을 자주 듣게 된다면 자동차를 리프트에 올려놓거나 재키로 차체를 들어 소음이 발생할 수 있는 부분을 점검해야 한다. 또 다른 방법은 자동차에 대해 잘 아는 사람을 옆에 태우고 창을 활짝 연 다음 길을 달리면서 소음의 발생 장소를 찾아내는 것이다.

이렇듯 잡음이 발생하는 곳을 찾아 진원지를 정비사에게 알려주고 정비를 부탁하면 손쉽게 문제를 해결할 수 있다.

전문적인 기술은 없으나 스스로 해결해 보고 싶다면 스프레이식 윤활유를 이용하면 된다. 우선 시중에서 구할 수 있는 윤활유 WD40를 준비한다. 윤활유를 로 암 아래의 부쉬, 스태빌라이저에 붙어 있는 고무 등에 빠짐없이 뿌려주면 1차적인 소음은 차단할 수 있다. 이렇게 조치를 했음에도 소음이 발생하면 부쉬나 고무 등을 새것으로 교환해 준다.

다만 이러한 방법은 절대로 브레이크 계통의 부품에 적용해서는 안 된다. 로터나 캘리퍼 등에 윤활제가 들어간다고 소음이나 잡음이 줄어드는 것은 아니기 때문이다.

---

**T I P   에너지 효율등급이 높은 제품을 활용하자**

다른 가전제품들과 마찬가지로 자동차도 에너지 효율등급이 높은 제품을 구입, 사용하면 연비를 높일 수 있다. 속도제어기, 매연 감소기, 부스타, 공기편향장치, 연료첨가제, 사이클론, 엔진오일정화기, N-POWER, POWER-GREEN Q, A-G POWER 등이 에너지 효율등급을 받은 장치이다. 부품 구입시나 정비소 의뢰시 확인해 보는 것이 좋다.

# 매연이 심하게 나올 때

지구는 나날이 늘어가는 자동차 매연 때문에 몸살을 앓고 있다. 자동차 연료의 대부분은 휘발유와 경유. 이 가운데 경유는 눈에 띄게 검은 연기를 내뿜고 있어 휘발유보다 많은 오염물질을 내뿜고 있다는 오해를 받고 있다.

### 경유차는 왜 검은 매연이 나오는가?

경유차는 휘발유차보다 유독 검은 매연을 내뿜는데 그 이유는 우선 휘발유 엔진과 디젤 엔진의 연소 방식에 차이가 있기 때문이다.

휘발유 엔진은 공기와 섞은 휘발유를 실린더에 넣고 압축시킨 후 폭발시키는 데 반해 디젤 엔진은 공기만을 압축해 고온으로 만든 후 경유를 분사해 폭발시키는 방법을 사용하고 있다.

때문에 엔진이 충분히 가열되기 전까지는 폭발력이 떨어져 불완전 연소가 일어나게 되고 매연도 많이 나온다. 또한 경유는 타고 남은 배기가스의 질량이 비교적 무겁고 입자가 거칠어 배기관 아래쪽이나 중간 머플러에 검댕이가 남게 된다. 이런 검댕이가 모여 배출될 때도 다량의 검은색 매연을 방출하게 된다.

## 부드러운 운전이 최선

이러한 매연을 줄이는 방법은 뭐가 있을까? 가장 효과적인 방법은 평소에 철저한 차량 정비와 부드러운 주행으로 차에 무리를 주지 않는 것이다.

디젤 엔진은 시끄럽고 진동이 많은 편이지만 생각보다 섬세하다. 특히 압축돼 뜨거워진 공기에 연료를 분사하는 노즐, 일명 브란자가 오염되면 매연이 심하게 발생하므로 평소 관리에 신경을 써야 한다. 이를 위해서는 양질의 연료를 사용하고 무리한 가속을 피해야 한다.

보통 휘발유는 어느 정도 물이 섞여 있어도 기화하는 과정에서 잘게 분해되어 쉽게 연소된다. 그러나 경유는 압축된 공기에 직접 분사를 해야 하기 때문에 물이 섞여 있어서는 안 된다. 만약 물이 섞여 있으면 공회전이 일정치 않거나 액셀러레이터를 밟았을 때 끊기는 느낌이 드는 엔진 부조 현상과 함께 매연이 쏟아져 나온다.

## 균일한 가속으로 매연을 줄이자

디젤 엔진은 압축 착화 방식이기 때문에 엔진이 충분히 데워진 후에야 매연이 줄고 제성능이 나온다. 따라서 기온이 낮은 겨울철에는 예열을 충분히 한 후 시동을 걸고, 워밍업도 충분히 한 다음 출발한다.

이 밖에도 필연적으로 불완전연소가 뒤따르는 급가속을 피하고 무엇보다 언덕길에서 무리한 추월 등을 하지 않도록 한다. 만약 피치 못할 사정으로 언덕길 추월을 해야 할 경우에는 기어를 한 단 정도 내려놓고 일정한 엔진 회전을 유지하면서 균일한 속도로 가속해 나간다.

마지막으로 휘발유 엔진에 비해 디젤 엔진은 엔진오일의 오염이 빨리 진행되는 특성을 감안해 오일 양과 상태를 자주 점검하고 차체에 무리를 주는 운전이 잦았을 경우는 교환 주기를 조금 앞당긴다. 또한 연료를 연소시키는 데 필요한 신선한 공기를 공급하는 에어클리너의 교체도 매연을 줄이는 방법이다.

> **TIP 연비에도 마일리지 효과가 있다**
>
> 차량이 처음 출하되어 주행거리가 짧을 때보다 5,000km 정도 주행해 새 차 길들이기가 마무리 됐을 때 연비가 좋아진다고 한다. 새 차를 타보고 연비가 좋지 않다고 실망하기보다는 올바른 새 차 길들이기 방법을 익혀 연비를 향상시키는 것이 좋다.

# 달리는 도중 충전경고등에 불이 들어올 때

일반적으로 충전경고등은 점화스위치를 켜면 점등되었다가 시동을 걸면 꺼진다. 따라서 시동을 걸 때 잠깐 켜지는 충전경고등은 정상이다. 하지만 달리는 도중에 충전경고등이 들어오면 차가 탈이 난 상태이므로 즉시 차를 세운 다음 엔진을 꺼야 한다. 충전경고등이 켜지는 때는 자동차를 움직이는 데 필요한 전기를 만들어내는 발전기가 제 기능을 못하는 경우이다. 대부분의 원인은 팬벨트 이상에서 찾을 수 있다. 차를 정지시키고 보닛을 열어 팬벨트의 상태를 점검하는 것이 순서이다.

팬벨트가 끊어지지 않고 약간 늘어진 상태라면 가까운 거리는 주행할 수 있는 상황. 가까운 정비소를 찾아 팬벨트의 장력을 조절하거나 팬벨트를 교환하면 된다. 정비소에서 멀리 떨어진 상황이라면 배터리가 계속 방전되고 있으므로 에어컨이나 실내등, 라디오 등 꼭 필요하지 않은 전기장치는 사용하지 않고 이동한다.

팬벨트가 늘어져 충전이 제대로 되지 않는 상황에서 장시간 운전을 하게 되면 배터리마저 방전되는 상황이 될 수 있다.

팬벨트가 끊어졌을 경우에는 가능한 차를 움직이지 않는 것이 좋다. 이유는 팬벨트가 돌려주는 엔진 냉각수 순환펌프가 멈춘 상태이므로 엔진 과열로 이어질 수 있기 때문이다. 이때에는 본인이 직접 팬벨트를 교환하거나 인근에 있는 정비소에 출장수리를 의뢰하는 것이 좋다.

팬벨트가 멀쩡하고 장력도 정상인데도 충전경고등이 들어오는 경우는 전기를 만들어내는 발전기가 제 기능을 다하지 못하는 상황일 수 있다. 발전기가 고장났거나 낡아서 전기를 만들어내는 능력이 떨어진 상태로 의심되면 전압을 재는 테스터기를 이용해 전압을 체크한다. 만약 만들어지는 전압이 14볼트 이하라면 발전기 성능에 문제가 있는 것이다. 발전기는 비교적 값비싼 부품이기 때문에 재생해 쓰는 경우가 많으므로 교체시 순정부품인지 반드시 확인한다.

이 밖에도 계기판 내의 충전경고등이 접촉 불량인 경우도 있는데 이런 상황은 자주 일어나지는 않지만 가끔 낡은 차에서 발견된다.

# 유색 배기가스가 나올 때

배기가스의 색은 자동차의 엔진 상태를 눈으로 확인할 수 있게 해 준다.

휘발유 엔진 차의 배기가스 색은 무색이거나 매우 엷은 자주색이다. 디젤 엔진의 경우도 무색이지만 약간 검은 색을 동반하는 경우도 있다.

배기가스의 색을 확실하게 확인하려면 흰 종이를 이용하면 된다. 종이를 배기가스가 나오는 머플러 아래 놓고 배기가스의 색을 확인한다.

만약 배기가스의 색이 푸른색이라면 엔진오일이 함께 연소되고 있는 상황이다. 엔진오일이 연소실로 들어오는 경우는 헤드 개스킷이 끊어져서 밸브 쪽으로 올라가던 엔진오일이 흘러드는 것이다. 피스톤 링이 손상되서 실린더 벽에 있던 엔진오일이 함께 연소되는 경우로 추측할 수 있다.

엔진 회전을 갑자기 높였을 때 흰 연기가 나온다면 헤드 개스킷이 손상됐을 확률이 높다. 공회전시에도 흰 연기가 나오는 경우라면 피스톤 링이 마모됐을 확률이 높다. 만약 이런 증상이 나타나면 수시로 엔진오일 양을 체크하면서 빠른 시간 내에 점검을 받아야 한다.

배기가스가 검은색이라면 엔진에서 불완전 연소가 일어나고 있는 상황이다. 이 경우 예상되는 원인은 연료 분사 장치의 이상이나 엔진의 상태를 최적화 시켜주는 엔진제어컴퓨터(ECU)에 정보를 전달해 주는 각종 센서의 이상 등이다. 모두 엔진이 정상적이지 않은 상태이므로 서둘러 원인을 찾아야 한다. 시동을 건 직후에 검은색 배기가스가 나오는 것은 시동을 위해 일시적으로 연료 혼합비가 높아진 경우이므로 크게 신경 쓸 필요는 없다.

이외에도 솔벤트나 톨루엔 등 유사 휘발유가 섞인 연료를 넣은 경우에 배기가스가 약간 푸른색을 띤다.

참고로 배기가스가 나오는 머플러에서 물방울이 맺혀 떨어지는 것은 연료의 완전 연소가 이뤄지는 것이므로 걱정할 필요가 없다. 🚗

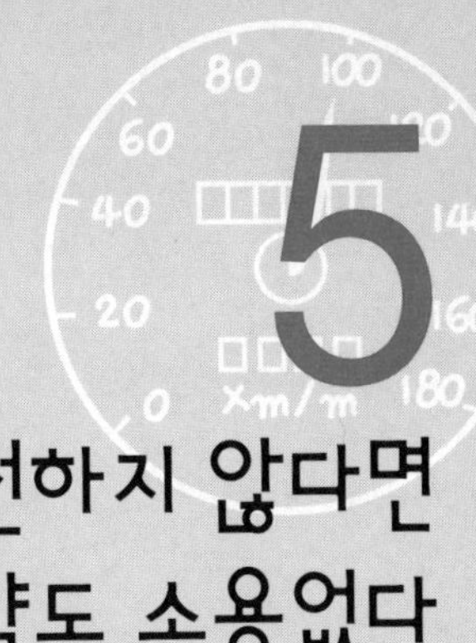

# 5

# 안전하지 않다면
# 절약도 소용없다

# 사고를 방지하는 7가지 운전습관

**1. 거울을 살펴 보이지 않는 곳도 보도록 한다**

신경을 다른 곳에 쓰거나 졸음운전을 하지 않는 이상 운전자는 앞을 보며 운전을 한다. 그러나 자동차 운전에 있어 옆방향과 뒷방향의 진행 상황을 파악하는 것도 중요하다.

보통 전방 70%, 후방 30% 정도의 비율로 전후방을 살펴야 한다고 하는데 7:3이라는 비율은 어디까지나 수치일 뿐이고, 뒤를 살피려는 의식만 가지고 있으면 된다. 항상 후방을 의식하고, '뒤차가 너무 붙어 있다' 거나 '옆차가 과격한 운전을 하고 있다' 는 정보를 얻으면 된다.

## 2. 앞차 따라 강남가면 큰코다친다

일반적으로 가장 쉬운 운전법은 앞차를 따라가는 것이다. 일정한 차간거리를 지키고 전방의 안전 확인을 모두 앞차에 맡긴 채 브레이크만 밟으면 그만이다.

그러나 이런 운전은 위험하다. 일례로 앞차가 황색신호에서 교차로를 통과하면 자신은 적신호에서 통과하게 된다. 또 앞차가 엔진 브레이크를 사용할 때, 브레이크등이 켜지지 않으면 자칫 추돌할 수도 있다. 운전자는 시계를 넓고 멀리 갖는 것이 중요하다.


## 3. 신호등에 답이 있다

자신이 통과하려고 하는 신호등은 되도록 한 눈에 많이 보는 것이 좋다. 이렇게 하면 불필요한 감속이 줄어들고 연비가 좋아진다. 예를 들면, 방금 통과한 신호가 파란불이라 하더라도 그 앞의 신호가 빨간불이라면 속도를 약간 줄여놓고 주행한다. 이렇게 하면 다음 신호등을 적절히 통과할 수 있어, 한 번 멈추었다가는 번거로움을 피할 수 있다. 그렇다고 너무 감속하면 다른 차들에게 방해가 되므로 액셀러레이터 페달에서 힘을 약간 빼는 정도로, 브레이크까지 쓸 필요는 없다.


## 4. 보행자용 신호는 진행 방향에 있는 것을 본다

보행자용 신호는 진행 방향의 보행자용 신호를 보는 것이 정답

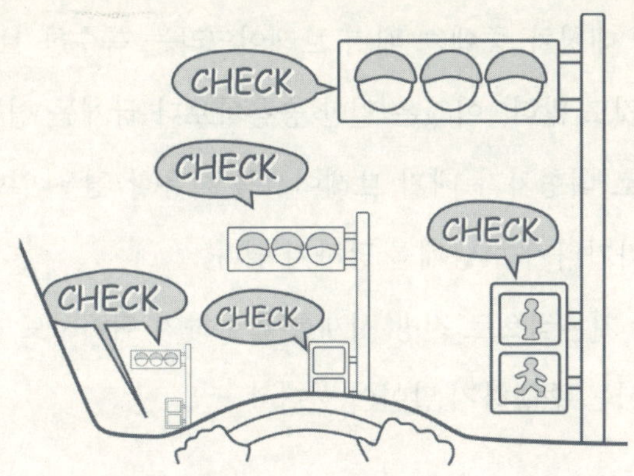


운전을 할 때 가능한 한 많은 신호를 한 눈에 확인하는 것이 중요하다.

이다. 이 신호가 주는 정보는 아주 유용하다. 왜냐하면 신호가 바뀔 때는 먼저 보행자용 신호에 빨간불이 들어오고 그 다음에 자동차용 신호에 빨간불이 들어오기 때문이다. 이것에 따라 조금 가속해서 신호를 통과할지, 감속해서 무리 없이 정지할지를 판단하면 된다.

### 5. 손해만 보는 대형차 뒷자리는 피해라

대형차 뒤를 따라가면 여러 가지 피해를 입을 수 있다. 우선 배기가스다. 대형차의 배기가스는 승용차에 비해 훨씬 오염도가 높다. 이런 배기가스를 뒤집어쓰면서 주행하게 되면 차가 더러워지고, 점점 차 안의 공기도 더러워져 심한 경우에는 악취가 배어버린다.

또한 대형차 중에는 배기 브레이크라는 특수한 브레이크가 구비된 것도 많다. 이것은 일반 승용차보다 급제동 성능이 강화된 것으로 대형차가 배기 브레이크를 사용할 경우 일반 자가용이 뒤따라가다가는 낭패를 당하기 쉽다.

가장 기본적으로 전방 시계를 확보하기 위해서도 대형차 바로 뒤에서는 주행하지 말아야 한다.


## 6. 대중교통을 위한 배려는 나를 위한 배려

정류장이 있으면 버스는 멈춘다. 버스를 따르던 뒤차들은 차선변경이 어려워져 어쩔 수 없이 정차하는 일이 생긴다. 또 버스에 승하차하는 사람이 많으면 여러 대의 차가 그 뒤에 줄지어 서 있는 경우도 있다. 전방에 정류장이 보이면 되도록 빨리 차선변경을 해야 한다.

택시기사 중에 난폭한 운전을 하는 사람도 많다. 급격한 차선변경이나 급정차는 당연한 일이고 심한 경우에는 1차선에서 가장 바깥 차선으로 단번에 차선 변경을 해 정차할 때도 있다. 운전자는 택시에 주의를 기울여야 할 뿐만 아니라 도로변으로 나와서 택시를 기다리는 사람이 있는지도 살펴야 한다. 주위에 택시가 달리고 있으면 할 수 있는 한 차간거리를 넓히거나 차선을 바꾸는 것이 좋다. 이럴 때는 대중교통을 배려해 주는 여유가 정신건강과 안전운전을 위한 최선이 된다.

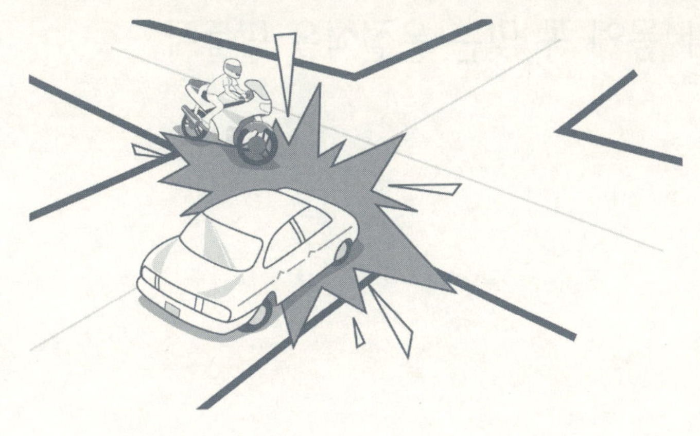

오토바이는 어디로 튈지 모르는 도로의 럭비공 같은 존재다. 항상 조심하는 수밖에 없다.

## 7. 도로의 무법자 오토바이를 멀리해라

오토바이와 자동차의 사고에서는 절대적으로 자동차 쪽이 불리하다. 오토바이는 넘어지기 쉬워 다칠 가능성도 많다. 또 다른 차와의 사고로 넘어진 오토바이를 피하지 못해 사고를 내는 경우도 있다. 따라서 운전 중 가능하면 오토바이 가까이 가지 않는 것이 좋다. 오토바이를 발견하면 항상 그 존재를 의식해야 한다. 오토바이가 추월해 앞으로 나가지 않는 이상 자기 뒤에 있다고 인식해야 하는 것이다. 만약 뒤쪽에 오토바이가 있는 것을 발견하면 무조건 앞으로 보내는 것이 좋다. 오토바이는 어디로 튈지 모르는 럭비공 같은 존재, 항상 조심해야 한다. 🚗

# 내 몸에 꼭 맞는 운전석을 만들자

일반적으로 바른 운전자세는 자동차 운전의 기본이 된다. 운전이 능숙한지, 서툰지를 가장 쉽게 알 수 있는 것 또한 운전자세이다. 따라서 올바른 운전 테크닉을 배우려면 먼저 바른 운전자세를 익혀 습관화해야 한다.

## 1. 좌석의 위치: 잘 밟을 수 있다면 OK

올바른 운전자세의 첫 단계는 좌석에 앉는 위치와 자세를 바르게 하는 일이다. 좌석의 위치는 클러치, 브레이크, 액셀러레이터 페달 위치를 기준으로 삼는다. 각종 페달을 충분하게 밟을 수 없다면 차를 운전할 때 큰 불편이 따르고 차에도 무리를 주기 쉽다.

예를 들면 브레이크 페달과의 거리가 너무 멀면 위급할 때

운전석에 앉을 때는 조정 밸브를 최대한 활용해 내 몸에 꼭 맞는 운전석을 만든다.

브레이크 페달을 힘껏 밟을 수 없어 위험하다. 또한 변속할 때 클러치 페달을 끝까지 밟지 않으면 클러치 디스크 등이 상하고 트랜스미션에도 무리가 온다.

좌석의 위치를 조정하는 방법은 좌석을 앞뒤로 조절하는 것으로 시작된다. 수동변속차의 경우 먼저 좌석에 앉은 다음 왼발로는 클러치를, 오른발로는 브레이크와 액셀러레이터 페달을 정확히 충분하게 밟을 수 있도록 좌석을 앞뒤로 움직여 조절한다. 이때 무릎의 각도가 45도 이상 구부러지면 좌석과 페달이 너무 가까운 경우이다.

자동변속차는 클러치 페달이 없으므로 브레이크 페달을 밟아 무릎에 약간의 여유가 있을 정도로 한다. 따라서 자동변속차의 승차 위치는 수동변속차보다 조금 후방에 위치할 때가 많다.

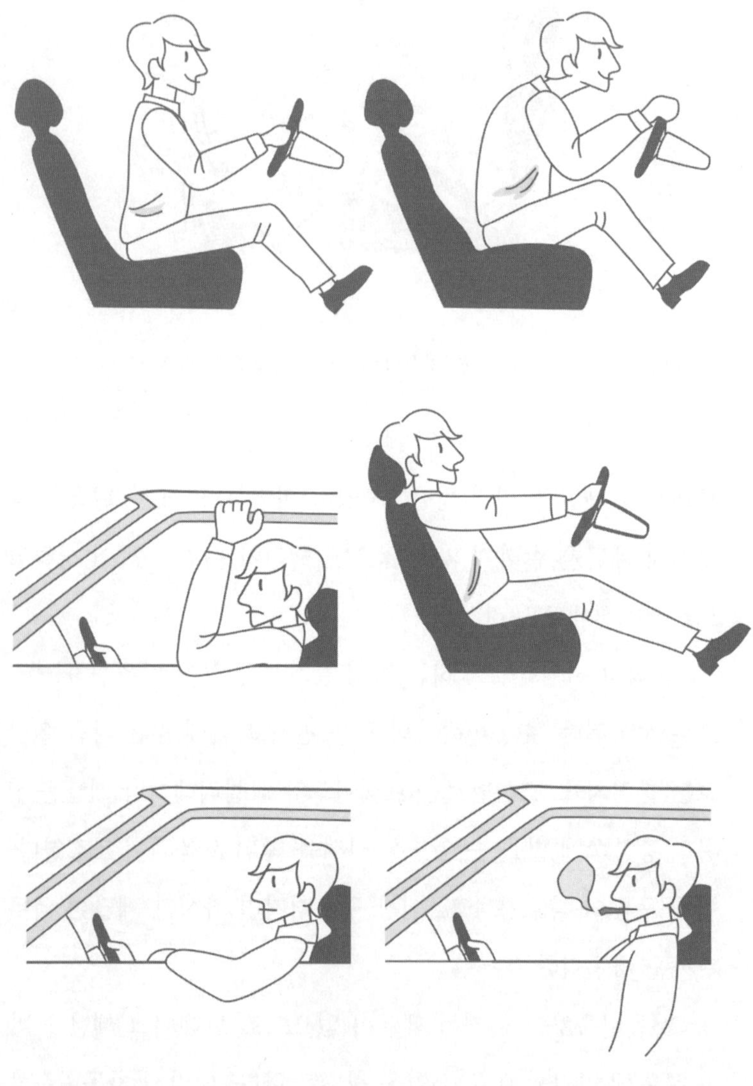

너무 느긋하거나 조바심을 내는 운전자는 운전자세에서 표가 난다. 적당한 여유와 긴장을 유지해야 한다.

좌석을 끝까지 당겨 무릎이 펴지는 것이 레이서 같아서 멋지다고 오해하는 사람이 있지만 이것은 잘못된 생각이다. 완전히 무릎이 펴져 있으면 급히 브레이크를 밟아야 할 경우 모든 체중을 실어 페달을 밟을 수 없다. 과격한 코너링을 할 때에도 바닥을 밟고 버티지 못한다.

반대로 무릎이 너무 구부러지면 동작이 불편해 운전 조작에 방해가 되니 신체 조건에 맞춰 좌석의 위치를 조절한다.

### 2. 등받이: 팔꿈치가 약간 굽는 정도로 맞춘다

좌석의 위치를 정하고 나면 다음에는 등받이를 조절한다. 좌석의 전후위치는 페달조작에 영향을 주고 등받이의 각도는 핸들조작에 큰 영향을 준다. 따라서 등받이 각도는 반드시 핸들을 잡고 조절해야 한다.

등받이의 각도는 우선 좌석 깊숙이 앉아 허리와 뒷등을 등받이에 밀착시켜 자리를 잡은 다음 등받이 조절 레버를 움직여 조절한다. 두 팔로 핸들을 10시 10분 정도로 잡았을 때 팔꿈치가 약간 굽어 있는 정도가 정확한 위치다. 이 위치로 등받이의 각도를 정하면 핸들을 조작하는 위치에서 팔꿈치에 충분한 여유를 확보할 수 있다.

아직 운전에 익숙하지 못한 초보 운전자는 등받이를 조절할 때 될 수 있으면 등받이를 세워 시야를 넓게 가질 수 있도록 한다. 등받이를 세우면 사람의 몸 가운데 가장 무겁다는 머리를 허리가 받쳐주어 장거리 운전에도 목이 피로하지 않게 된다. 또한 운전을 할 때 시선을 멀리 안정적으로 둘 수 있다. 항상 시선을 한 곳에 고정할 수는 없겠지만 기준이 되는 시선의 위치는 있기 마련이다. 보통 시내를 달릴 때에는 50m 정도, 고속도로에서는 200m 정도 전방에 시선을 두면 적당하다.

### 3. 좌석의 높이: 방석이나 쿠션을 활용한다

좌석과 등받이의 조절이 끝나면 높낮이를 조절해야 한다. 그러나 차에 따라서 좌석의 높낮이 기능이 있을 수도 있고 없을 수도 있다. 높낮이 조절 기능이 있는 차는 운전자에 맞추어 높이를 조절하면 된다.

높낮이 조절 기능이 없는 차에 앉은키가 작은 사람이이 타게 되면 핸들에 매달리는 모습이 되기 쉽다. 이럴 때에는 좌석에 방석이나 쿠션을 깔아 높이를 조절하면 된다. 방석이나 쿠션이 좌석보다 크면 차를 타고 내릴 때 불편하므로 좌석의 넓이를 고려해 준비하는 것이 좋다.

운전석이 맞추어지면 운전을 하기 위한 바른 자세가 되었는지를 확인한다. 운전석에 앉은 자세에 불편함이 없는지 점검하고 마지막으로 좌석의 머리 부분 위치도 살펴본다.

좌석의 머리 부분은 뒤에서 차가 들이받았을 때 머리가 뒤로 젖혀지는 것을 방지하기 위해 만든 것으로 평소 달릴 때에는 기대지 않는 것이 좋다. 뒷머리와 좌석 사이에 일정한 거리가 없으면 다른 차와 부딪쳤을 때 효과를 얻을 수 없다. 또한 좌석에 뒷머리를 대고 있으면 차의 작은 진동까지 머리에 전해져 쉽게 피곤해 진다.

## 4. 핸들 조작: 손의 위치는 어깨 아래가 적당하다

핸들을 잡는 이상적인 손의 위치는 10시 10분이나 9시 15분의 시·분 바늘 위치이다. 이 위치로 잡았을 때 손이 어깨보다 조금 아래에 있는 것이 적당하다. 요즘은 운전대에 틸트 스티어링을 사용한다. 틸트 스티어링으로 핸들의 위치를 바꾸면 등받이의 각도도 다시 조절해야 한다.

핸들을 잡는 위치는 핸들 안 지지대에 따라 달라진다. 가령 핸들 지지대가 T자형이거나 일(一)자형 일 때에는 지지대에 엄지손가락을 걸치고 잡는다. 이때 손의 위치는 9시 15분이 적당하다. 이러한 방법은 계기판의 각종 미터를 쉽게 볼 수 있기 때문에 권장한다.

지지대가 십(十)자형으로 된 핸들은 위쪽 지지대에 엄지손가락을 걸치고 잡는다. 그리고 고속도로를 달릴 때에는 아래쪽에 두 손이 얹어지게 하면 편하다. 팔(八)자형 지지대는 9시 15분보다는 조금 아래쪽을 잡으면 운전하기가 훨씬 수월하다.

## 5. 사이드미러: 차체가 보여야 거리감을 알 수 있다

사이드미러는 보디미러라고도 하는데 운전자가 육안으로 직접

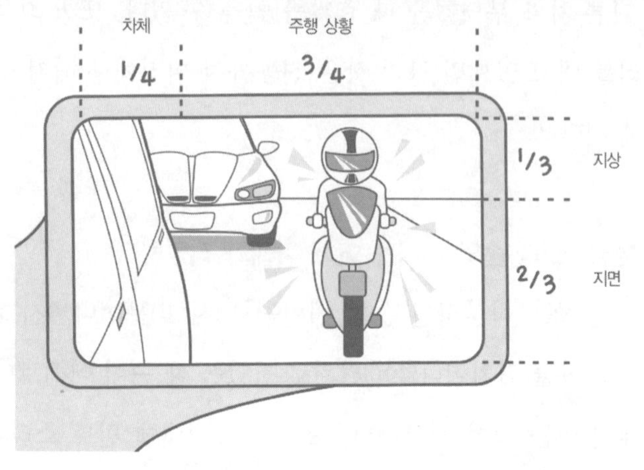



뒤쪽 상황을 살피는 사이드미러는 각도를 맞추지 않으면 소용이 없다. 차체가 걸쳐지면서 폭넓게 볼 수 있도록 맞추어 사용한다.

확인할 수 없는 간접시야라는 점과 거울에 비쳐 좌우방향이 바뀔 수 있는 점을 주의해야 한다. 또 차체에 가려지거나 거울에 비춰지지 않는 사각지점에 대해서도 각별히 신경을 써야 한다.

사이드미러 사용에 있어 가장 염두에 둘 점은 거울이 비추는 조사각도가 맞지 않으면 거울을 보는 것 자체가 아무 소용이 없다는 것이다. 조정시 상하의 각도는 운전석에서 봐서 땅이 2/3, 하늘이 1/3 정도로 보이게 하면 된다.

미러의 끝에 차체가 조금만 비치게 하면 뒤 방향을 폭넓게 볼 수 있지만 실제로는 미러의 1/4 정도에 차체가 비치도록 조정해 두는 것이 좋다. 차체가 전혀 비쳐 있지 않으면 후방과의 거리감을 느끼기가 어렵기 때문이다. 일반적으로 운전자는 자기

차의 일부가 사이드미러에 비쳐야 거리감을 느낀다.

주차를 할 경우에도 자기 차와 정지선 혹은 옆 차와의 간격을 확인해야 하는데 이때 차체가 비치면 간격확인에도 도움이 된다.

## 6. 룸미러: 약간 오른쪽으로 설정한다

베테랑 운전자일수록 룸미러를 자주 본다고 한다. 사이드미러는 차선변경이나 우회전, 좌회전 등 필요성에 따라 보게 되지만 룸미러는 후방의 전반적인 상황을 파악하기 위해 본다.

일반적으로 룸미러는 뒤창의 중앙을 보게 조정한다. 이렇게 하면 좌우의 후방을 균등하게 볼 수 있기 때문이다. 또한 약간 오른쪽으로 돌려 오른쪽 후방이 잘 보이도록 하는 것을 권장한다. 운전석에 가까운 왼쪽의 사이드미러는 자주 보지만 오른쪽은 상대적으로 적게 보고 더구나 조수석에 사람이 있으면 잘 보이지 않기 때문이다. 따라서 룸미러를 약간 오른쪽으로 조정하면 사이드미러를 자주 확인하지 못하는 약점을 보완할 수 있다.

---

**TIP 점화플러그로 돈이 센다고?**

점화플러그 간극이 적정치를 벗어나면 불완전 연소를 유발해 6-7%의 연료 낭비를 가져온다. 반대로 점화플러그 상태만 적정하게 유지해도 최대 6-7%의 연료를 절약할 수 있다는 얘기다. 단골 자동차 정비업소를 만들어 놓고 수시로 점검해 주는 것이 좋다.

# 하여간 안전벨트를 매면 산다

안전벨트는 사고가 발생했을 때 하나밖에 없는 소중한 생명을 지켜준다. 안전벨트는 자세를 바로 잡아주는 역할도 해 피로를 줄여주는 효과도 있다. 운전석과 조수석에 타고 있는 사람은 반드시 안전벨트를 매야 하고 고속도로에서는 뒷좌석에 타는 사람도 안전벨트를 매야 한다.

우리가 사용하는 3점식 안전벨트는 대각선 벨트가 어깨를 거쳐 가슴을 통과하고, 아래쪽 벨트는 양쪽 골반 뼈에 닿도록 착용한다.

키가 작아 벨트가 목을 지나가는 경우는 자동차에 충격을 받아 몸이 앞으로 쏠릴 때 안전벨트가 목을 조일 위험이 있다. 아래쪽 벨트가 배를 압박할 경우 차량 충돌시 복부손상을 초래할

안전벨트는 생명줄이다. 한시도 착용을 게을리 해서는 안 된다.

수도 있다. 따라서 앉은키가 작은 사람은 방석 등을 깔아 앉은키를 높여주는 방안을 강구해야 한다. 미끄러운 방석을 사용하면 충돌시 몸이 앞으로 빠져나가 위험할 수 있으므로 바닥 부착식 방석을 사용한다.

## 아이용 안전벨트는 없다?

아이와 함께 차를 타고 갈 경우 아이들에게 안전벨트를 채우기 애매한 경우가 있다. 안전벨트는 어른 위주로 설계되었기 때문에 아이를 조수석에 앉힐 경우 벨트 착용 위치가 맞지 않고 설치 간격도 넓어 부적절하다.

따라서 1m 50cm가 되지 않는 아이들은 가급적 뒷좌석에 앉

히는 것이 좋다. 1m 50cm 이상 되는 아이들을 조수석에 앉힐 때
는 두툼한 방석이나 쿠션을 깔아준다.

아이들 두 명이 뒷좌석에 앉을 경우 하나의 안전벨트로 두
아이에게 매주는 경우가 있는데 언뜻 보기에는 안전해 보일지
모르지만 매우 위험한 행동이다. 이렇게 안전벨트를 매면 급브
레이크를 밟았을 때 아이들이 벨트의 가운데로 몰려 머리나 뼈
가 서로 부딪힐 위험이 있다. 아이 한 명에게 하나의 안전벨트를
채우도록 한다.


## 임산부도 안전벨트를 맨다

임산부가 안전벨트를 매는 것이 좋냐, 매지 않는 것이 좋냐 하는
문제가 가끔 시비의 주제가 되기도 한다.

임산부 사고실험을 진행해 본 결과 안전벨트를 맨 상태에서
사고가 났을 경우 복부가 압박되어 내장계통에 충격을 받을 위
험이 있다고 한다. 하지만 안전벨트를 착용하지 않고 있다 몸이
앞으로 나뒹굴거나 앞 유리에 부딪치면서 발생하는 부상이 더
심각한 것으로 나타났다.

사고에 대비해 임산부들은 안전벨트 착용시 복부 벨트를 배
한가운데로 통과시키지 말고 배 아래로 최대한 내려 착용하는
것을 권장한다.

## 유아용 안전의자는 부모의 필수품

아기를 데리고 차를 탈 때 가장 위험한 일은 엄마가 아기를 안고 조수석에 앉는 것이다. 안전벨트를 매고 아기를 안으면 될 것이라고 생각할지 모르지만 강한 충격은 가슴에 안은 아이와 엄마를 순간적으로 떼어놓으므로 매우 위험하다.

유아용 안전의자가 없더라도 아기를 안은 사람은 반드시 뒷좌석에 앉도록 한다. 설마하고 앞좌석에 앉았다가는 조그만 충돌에 아기가 다치는 경우가 발생할 수 있기 때문이다.

물론 유아용 안전의자를 준비하고 함께 뒷좌석에 타는 것이 가장 안전하다.


## 에어백 부상을 방지하는 안전벨트

사고가 났을 때 에어백은 최고 320km/h의 엄청난 속도로 얼굴을 향해 펼쳐진다. 때문에 전문가들은 안전수칙을 지켜야 에어백 때문에 발생하는 사고를 최소화할 수 있다고 강조한다. 그 안전수칙 1순위가 바로 안전벨트 착용이다.

안전벨트는 사고가 났을 때 탑승자의 몸이 앞으로 튕겨 나가는 것을 막고, 자세를 바로잡아주기 때문에 에어백의 충격을 줄일 수 있다.

# 차는 멈추는 것이 더 중요하다

너무 평범한 진리이지만 자동차는 안전하게 달리는 것도 중요하지만 안전하게 세우는 것도 중요하다.

차를 세우기 위해서는 브레이크 페달만 밟으면 된다고 생각하는 운전자들이 상당히 많다. 액셀러레이터 페달을 밟으면 달리고 브레이크 페달을 밟으면 정지한다는 자동차 조작의 단편적인 지식만으로 거리를 질주하고 있는 것이다. 자동변속차 보급이 일반화되면서 이런 운전자들이 점점 늘어가고 있는 형편이다.

그러나 브레이크 페달만으로 자동차를 완벽하게 세울 수는 없다. 메커니즘상 많은 부분이 출발과 정지에 관여하고 있기 때문이다. 자동차를 잘 멈추는 기술에 대해서 알아보자.

## 엔진에는 브레이크가 없다

어느 초보 운전자가 엔진에도 브레이크가 있다는 이야기를 듣고는 자동차 회사에 '왜 내 차에는 엔진 브레이크가 없죠?', '도대체 어디에 달려 있는 거예요?' 하고 따졌다는 웃지 못 할 에피소드가 있다.

엔진 브레이크는 엔진의 회전과 타이어의 회전이 다르다는 점을 이용해 속도를 줄인다. 타이어의 회전수가 많고 엔진의 회전수는 적은 상황이라면 엔진의 적은 회전수가 타이어의 빠른 회전을 붙잡아 속도를 줄여주는 것이다. 굳이 풀어서 말하면 엔진의 회전수를 이용한 브레이크가 엔진 브레이크인 셈이다.

엔진 브레이크는 더운 여름날 긴 언덕길을 내려가야 할 경우 가장 유용하다. 보통 짧은 거리의 언덕길을 내려갈 때에는 발로 브레이크 페달을 밟아 속도를 줄이는 풋 브레이크만으로도 충분히 감당할 수 있다. 그러나 긴 언덕길에서 풋 브레이크만으로 감속하며 내려간다면 브레이크가 과열되고, 브레이크 패드와 드럼이 과열되어 마찰력을 잃어버리는 페이드 현상이 일어나 브레이크가 제대로 작동하지 않는 경우도 있다.

이럴 때 효과적인 것이 엔진 브레이크다. 타이어의 회전을 엔진에 흡수시켜 속도를 떨어뜨리는 엔진 브레이크는 액셀러레이터 페달에서 발을 떼는 것만으로도 작동된다. 자동변속차의 경우 언덕길을 오를 때 D레인지에서 2레인지로 기어를 변경하면 부드럽게 달릴 수 있는데 내리막길을 달릴 때 이러한 기어변속을 활용하면 강력한 브레이크 효과를 얻을 수 있다. 긴 내리막 길의 경우에는 풋 브레이크뿐만 아니라, 2레인지로 기어를 변속해서 엔진 브레이크를 함께 사용하면 안전하다. 이렇게 해도 속도가 올라가는 경우에는 레버를 L레인지로 내린다.

한편 엔진 브레이크를 사용할 때는 엔진 회전수와 타이어 회전수의 차이가 커서 제법 큰 변속충격이 나타날 수 있다. 이를 방지하기 위해서는 가볍게 액셀러레이터 페달을 밟아 엔진의 회전수를 높인 후 기어변속을 바꾸면 부드럽게 엔진 브레이크를 활용할 수 있다.


## 풋 브레이크 살짝 그리고 꾹 밟아라

멈춤의 기본은 언제나 부드럽게 브레이크를 밟는 것이다. 항상 같은 자세로 브레이크를 밟는 것뿐만 아니라 속도에 맞게 밟는 힘을 조절하는 것이 중요하다.

또한 충분한 제동거리를 확보하고 가볍게 브레이크 페달을 밟아 속도를 줄인다. 가령 100이라는 힘으로 움직인다면 브레이크 사용 때문에 속도는 90, 80으로 계속 줄어들 것이다. 브레이크는 계속 같은 힘으로 작동하므로 속도도 이에 비례해서 줄어들기 마련이다. 따라서 부드러운 제동을 위해서는 충분한 제동거리 확보가 필요하다.

# 급가속이 필요할 때
## 액셀 사용법은 따로 있다

자동변속차는 셀렉트 레버를 D레인지에 넣고 액셀러레이터 페달만 조작하면 자동적으로 변속이 된다. 그러나 몇 km/h에서 변속된다는 원칙이 있는 것은 아니다. 자동차가 달리는 상황과 운전자가 액셀러레이터 페달을 밟는 정도, 자동차 트랜스미션의 상태 등이 합쳐져서 변속 타이밍이 결정되는 것이다.

운전자가 변속 타이밍을 조절할 수 있는 보다 적극적인 방법은 액셀러레이터 페달을 활용하는 것이다. 일반적으로는 액셀러레이터 페달을 살짝 밟으면 신속하게 변속되고, 액셀러레이터 페달을 깊이 밟으면 낮은 기어 상태가 오래 지속된다. 액셀러레이터 페달을 맨 끝까지 밟으면 기어가 강제적으로 저단기어로 바뀌는 킥다운 스위치가 작동하여 한 단계 낮은 저속 기어로 바뀐다.

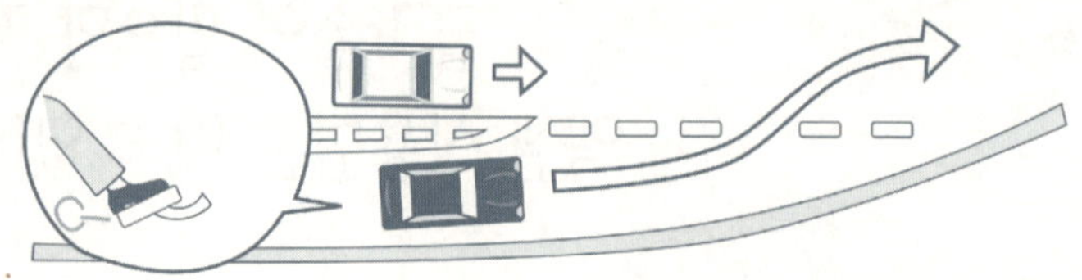



그러나 출발할 때 액셀러레이터 페달을 끝까지 밟으면 연비가 나빠진다. 출발할 때조차 마음껏 달리고 싶다면 이런 출발을 할 수도 있겠지만 좋은 운전습관은 아니다.

만약 급한 상황 때문에 서둘러야만 한다면 출발 가속만 높이고 액셀러레이터 페달을 꽉 밟아 저속기어에서 주행하는 시간이 길어지도록 한다. 1단에서 2단으로 바뀐 변속 충격을 느낀 다음 속도가 붙기 시작하면 액셀러레이터 페달을 살짝 느슨하게 하고, 다시 액셀러레이터 페달을 밟아 3단으로 변속시킨다. 이때 중요한 것은 페달에서 약간 힘을 뺀 다음 다시 밟는 타이밍이다. 이 타이밍을 익히는 것은 그리 어려운 일이 아니므로 반복하다 보면 쉽게 알 수 있다. 🚗

# 급발진 사고 이렇게 막아라

자동변속차는 여러 면으로 볼 때 수동변속차에 비해 편리하지만 시동을 걸 때 사고율은 높은 편이다. 아무 생각 없이 브레이크 페달을 밟지 않고 D레인지에 레버를 둔 채 시동을 걸면 차가 갑자기 전진해 사고를 낼 수 있다.

최근에 나오는 자동변속차에는 출발사고 방지장치가 장착되어 있지만 출발사고 방지장치가 없는 차는 다음과 같은 순서로 자동차를 조작해 사고를 방지할 수 있다.

시동을 걸 때 주차 브레이크를 채우는 것은 물론이고 브레이크 페달도 꼭 밟아야 한다. 이때 기어는 P레인지에 있는 것이 기본이다. N레인지에서 시동이 걸리는 차도 있지만 P레인지가 더 안전하다.

차를 움직이기 위해 D레인지에 레버를 넣을 경우에는 반드시 브레이크 페달을 밟아야 한다. 브레이크 페달을 밟지 않고 D레인지로 레버를 옮기면 시동 직후 높아진 엔진 회전수 때문에 차가 튀어나갈 수도 있다.

정차할 때는 반드시 기어를 P레인지에 넣어야 한다. P레인지에 레버를 넣지 않으면 키를 뽑지 못하게 하는 차가 있어 별 의식없이 지내기도 하지만 자동차의 메커니즘에 너무 의존하지 말고 올바른 기어 사용과 페달 작동법을 습관화해야 한다.

---

**체크포인트 정리**

1_ 시동을 걸기 전 P레인지에 레버를 두고 브레이크 페달을 밟은 후 시동키를 돌린다. 이때 액셀러레이터 페달을 밟을 필요는 없다.

2_ 시동을 걸고 약간의 워밍업을 한 후 출발을 한다. 출발을 하기 위해 P레인지의 레버를 D레인지로 옮길 때는 반드시 브레이크 페달을 밟아야 한다. 브레이크 페달을 밟지 않으면 차가 앞으로 나갈 수도 있음을 명심한다.

3_ 운행이 끝난 후 차를 세우고 시동키를 뽑을 때에는 반드시 P레인지에 레버를 둔다.

# 고속주행시 OD 버튼을 적극 활용하라

셀렉트 레버의 손잡이나 그 아래에 OD라고 쓰인 버튼이 하나 있다. 이것은 보통 OD(오버 드라이브) 스위치라고 불리는데 고속주행용으로 만들어진 것이다. 3단 자동변속차에 한 단 높은 고속용 기어를 붙였다고 생각하면 된다.

이 OD 스위치를 사용하면 고속주행 중이라도 엔진 회전수를 낮출 수 있으며, 소음도 줄고 연비도 높일 수 있다. 반면 고속에서의 펀치력은 상대적으로 줄어든다.

일반적인 상황에서는 OD 스위치를 켜놓아도 괜찮다. 시가지 주행에서는 꺼두는 것이 좋다는 의견도 있지만 차의 엔진성능이 높아졌기 때문에 켜놓아도 지장은 없다.

OD 스위치는 고속도로에서의 추월이나 긴 오르막길을 올라

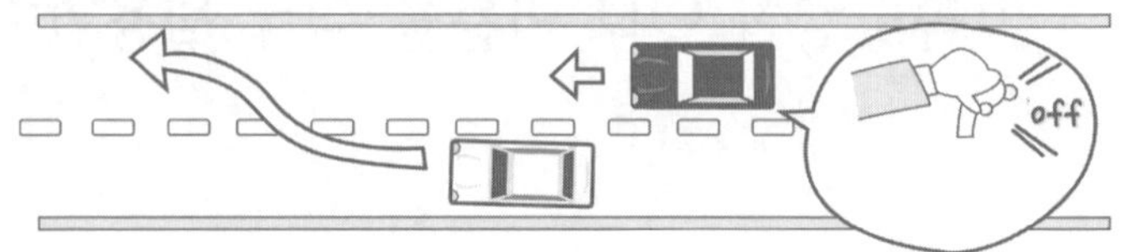


앞차를 추월하여 달릴 때는 OD 스위치의 온·오프로 가속한다.

갈 때 효과적으로 쓰인다. 이때는 킥다운을 쓸 수도 있지만, 상당히 시끄럽고 차에 가는 부담도 크다. 또 긴 오르막길에서 일단 킥다운을 작동시킨다 해도 조금만 지나면 트랜스미션의 보호를 위해 원래 상태로 돌아가 버리기 때문에 OD 스위치를 권장한다. 추월이나 언덕길 오르기에서 OD 스위치를 끄면 가속성이 좋아지며 계속해서 가속 상태를 유지할 수 있는 이점이 있다.

또 산길이나 굽은 길에서도 OD 스위치를 끄는 것이 효과적이다. 액셀러레이터 페달을 놓기만 하면 엔진 브레이크가 잘 되기 때문이다.

고속도로에서는 OD 스위치를 켜두는 것이 연비 향상에 도움이 된다. OD 스위치를 활용하면 안전한 운전도 할 수 있다. 고속으로 달리는 도중 갑자기 속력을 줄여야 하는 상황에 OD 스위치를 끄면 자동적으로 엔진 브레이크가 걸리게 된다. 이렇게 한 다음 브레이크 페달로 속도를 줄이면 된다.

이 방법은 커브가 많은 길에서도 응용을 할 수 있다. 직선도

레버의 손잡이나 아래에 있는 OD 버튼을 고속주행을 위해 만들어졌다.

로에서 속력을 내 달리다가 커브길이 등장하면 OD 스위치를 끄고 엔진 브레이크를 건 다음 커브길을 공략하면 된다. 그러나 OD 스위치를 끄면 미션의 반응이 약간 굼뜨기 때문에 엔진 브레이크가 걸리는 시간이 늦어지므로 커브길에 들어서기 전에 타이밍을 잘 맞춰야 한다.

만약 시내주행에서도 조금 더 박력있는 운전을 즐기고 싶다면 OD 스위치를 끄고 켜보는 것도 괜찮을 것이다. 연비가 약간 나빠지는 것은 당연하지만 흐름에 어울리는 여유있는 운전을 할 수 있다.

### TIP 날씨에 따라 연비가 달라진다

기온이 12℃ 이하로 떨어지면 연비는 1~2% 감소한다. 바람을 마주보고 운행하면 역시 연비가 감소하고, 기온 격차가 심한 여름과 겨울에 연비가 저하된다.

# 상황에 맞는 주차법을 익혀라

운전을 처음 배우는 사람들이 가장 어려워하는 부분이 주차이
다. 운전하고 있는 자동차의 폭이나 길이에 대한 감각이 없는데
다 아직 자동차의 운동 특성도 파악하지 못했기 때문이다. 자동
차의 특성과 주차 상황에 맞는 주차법을 익혀 편안하고 여유 있
는 자동차 생활을 시작해 보자.

### 1. 비스듬한 주차구획선에 세울 때는 전진주차

비스듬하게 주차 구획선을 그려놓은 주차장에서는 전진주차가
가장 수월하다. 여러 가지 주차 방법 가운데 가장 배우기 쉬운
것이기도 하다. 비교적 주차 공간이 넓은 미국과 유럽에서 주로
이용한다.

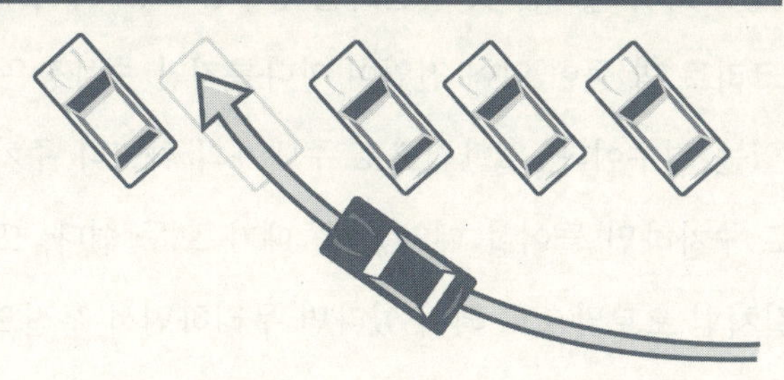



주차 공간이 넓지 않은 주차장에서는 자동차를 구획선과 구획선 사이 가운데 세우는 것이 포인트다. 한쪽으로 치우친 상태로 주차를 하게 되면 문을 열기가 힘들게 된다.

가끔 비스듬한 주차 구획선을 후진으로 들어서는 이들이 있는데 비합리적인 주차 방법이다.

이러한 주차장 통로는 대부분 일방통행이기 마련인데 후진으로 주차 공간에 들어서려면 예각(銳角)으로 후진할 수밖에 없어 두세 번 정도 전·후진을 해야 한다. 주차장에서 나올 때도 같은 일을 되풀이하게 되어 쓸데없는 고생을 사서 하는 셈이 된다.

주택가 골목길은 대부분이 좁아서 차고를 가진 운전자들도 때때로 고생하는 일이 있다. 이들 중에서 꼭 후진으로 차를 차고에 넣으려는 이들이다. 차고와 골목길의 구조가 앞부분부터 들어가게 되어 있는데도 후진을 고집하는 것이다.

전진으로 주차하는 것이 편리한 경우는 도로 폭이 좁고 양쪽에 콘크리트 벽 등이 있어 진입이 까다롭지만 주차장은 조금 여유가 있는 경우이다. 일반적으로 주택가의 차고나 주차장은 전진으로 주차하면 들어설 때와 나올 때가 모두 쉽다. 또 차고가 언덕길처럼 오르막으로 되어 있다면 무리하면서 후진으로 주차시키지 않는 것이 좋다. 전진으로 주차해 두면 나올 때도 브레이크만 제대로 밟으면 된다.

## 2. 전진주차, 뒷바퀴를 조심하라

전진주차에서 주의점을 살펴보자. 오른쪽으로 핸들을 꺾으면서 주차할 때는 오른쪽 뒷바퀴 부근에 신경 써야 한다. 이 부분이 제일 안쪽으로 붙기 때문이다. 만약 이 부분을 조심하지 않으면 앞을 쉽게 통과해도 뒤쪽에서 접촉사고를 겪게 된다. 물론 왼쪽으로 핸들을 꺾으면서 주차할 때는 왼쪽 뒷바퀴 근방을 조심해야 한다. 무엇보다도 빠르고 능숙하게 주차를 마쳐야 한다는 강박관념을 버리고 느긋하고 안전하게 주차하는 습관을 가지는 것이 중요하다.

## 3. 일렬주차는 반드시 후진으로 주차한다

주차 때 후진으로 세울지, 전진으로 들어설지를 결정하는 것도 하나의 운전 기술이다. 주차 형편이 달라 하나하나 설명할 수는 없으나 도로 폭에 여유 공간이 충분하다면 후진으로 주차하는 것이 좋다.

도로와 나란히 한 줄로 주차하거나, 옆으로 나란히 설 때는 반드시 후진으로 주차해야 한다. 넓은 운동장에 혼자서 주차한다면 모를까, 주차에서 정해진 규칙을 지키지 않으면 다른 사람들에게 폐를 끼치게 된다. 한 사람의 부주의로 자동차 두 대를 세울 수 있는 곳에 한 대 밖에 못 세우는 경우도 생기니 말이다.

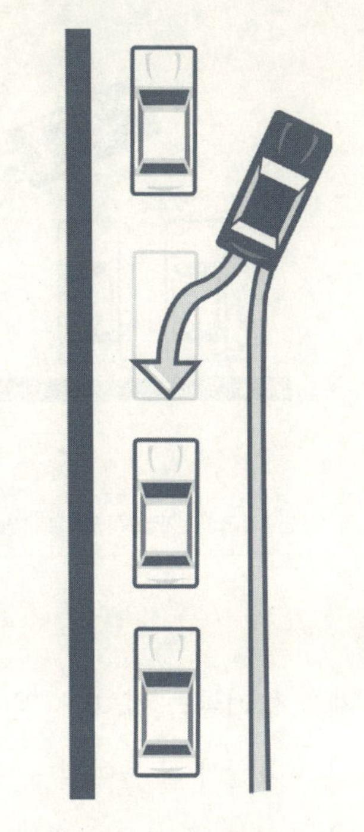

일렬주차는 일반적으로 가장 어렵다고 한다. 주차 위치보다 전진해 차를 세운 후 방향을 조절하여 후진으로 자리를 잡도록 한다.

## 4. 다 같은 후진주차가 아니다

후진주차에는 차체가 운전석 쪽으로 꺾이게 들어서는 경우와 조수석 쪽에서 꺾이게 들어서는 경우가 있다. 이 두 가지 방법 가운데 조수석 쪽에서 꺾어 들어가는 방법이 조금 더 힘들다.

후진주차의 가장 일반적인 방법은 우선 천천히 통로를 지나 들어설 장소에 차의 앞부분을 향하게 한 다음, 그곳에서 반대쪽으로 오게 핸들을 꺾어 차가 들어설 장소에 가능한 평행하게 차

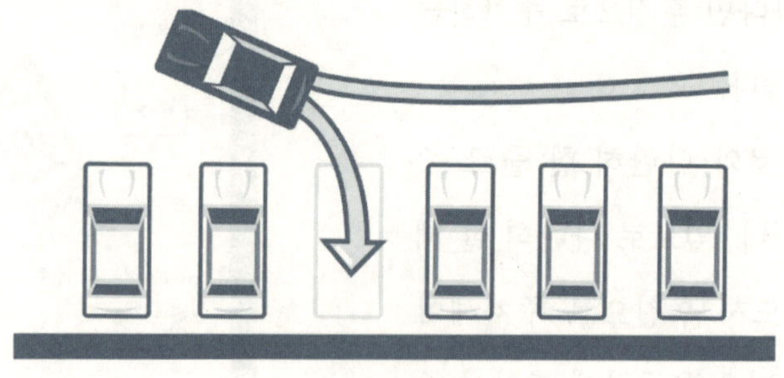

주차선 방향과 평행에 가깝도록 앞으로 전진해 후진하는 것이 편리하다.

체를 돌려놓는 것이다. 얼마쯤 거리가 떨어져도 상관없다. 천천히 지나면서 꼭 들어설 곳에 이르면 되는 것이다. 처음에 실패하면 다시 크게 전진하여 제자리를 찾는다. 주차할 공간에서 운전석 쪽으로 구부러지면서 넣을 때 그쪽을 주의하면 된다.

이때 주차 요령은 운전석 쪽 뒷바퀴가 서 있는 차의 앞 끝을 스칠 정도로 들어서는 것이다. 그곳에 가장 가까워질 때까지는 핸들을 꺾지 않고 직선에 가깝게 후진한다. 자기 차 뒷바퀴 근방과 서 있는 차의 앞 끝이 가장 가까워졌을 때 핸들을 크게 왼쪽으로 꺾으면 된다. 계속 핸들을 꺾으면서 천천히 후진하여 차가 제자리에 들어서면 재빨리 핸들을 제자리로 돌린다.

운전석 반대쪽으로 회전하면서 후진주차할 때는 조금 어려울지 모른다. 우선 주차선 방향과 평행에 가깝도록 앞으로 나간

뒤 거기서 기어를 후진으로 넣고 차 안에서 몸을 뒤로 돌린다. 조수석 쪽 의자 뒤쪽 윗부분을 잡고 몸을 돌린 후 뒤쪽 창과 옆 창문을 통해 오른쪽에 서 있는 차의 왼쪽 맨 앞을 겨냥하고 직진한다. 때때로 오른쪽 사이드미러로 확인하고 익숙해 지기 전에는 차에서 내려 확인해도 된다. 세 번쯤 시도하면 익숙해 진다.

그 뒤는 운전석이 있는 쪽으로 들어설 때처럼 오른쪽에 서 있는 차의 앞 끝과 자기 차의 오른쪽 뒷바퀴가 가까워졌을 때 핸들을 힘껏 오른쪽으로 꺾으면 된다. 이때 주차는 차가 옆 차들과 나란히 서게 하고 되도록 뒷벽에 바싹 붙이는 것이 좋다. 비스듬히 주차하거나 앞으로 나오게 주차하면 다른 차들이 드나들 때 부딪칠 수 있기 때문이다.

> **TIP 스노타이어 적제적시에 교체한다**
>
> 일반 타이어를 장착하고 단단히 다져진 눈길에서 50km/h 속도로 주행할 때 연료는 아스팔트 주행에 비해 20%가 더 소모된다. 이 경우 스노타이어를 장착하면 많은 부분 초가되는 연료 소모를 5% 정도로 낮출 수 있다.
>
> 이와는 달리 빙판이나 눈이 없는 도로를 스노타이어로 주행하면 3-4% 정도 연료가 더 소비되므로 이때는 일반타이어로 교체해야 한다. 연비를 생각한다면 노면 상태를 파악해 스노타이어와 일반타이어를 적절히 교체해 주어야 한다.

# 고속도로 4단계 안전운전 테크닉

고속도로에서는 일반도로의 2-3배의 속도로 달리게 된다. 따라서 고속도로에서 사고가 난다면 그 피해가 일반도로에서보다 몇 배나 큰 대형사고가 된다. 고속도로를 달릴 때에는 속도에 따른 판단과 운전법을 항상 염두에 두어야 한다.

**가속 라인을 충분히 활용하라**

고속도로 주행의 시작은 고속도로로 진행하는 가속 라인에서 부드럽게 주행차선으로 들어가는 것이다. 교통량이 엄청나게 늘어나 고속도로에서 원칙 없이 주행선에 들어서다가는 커다란 사고를 일으킬 수 있으니 주의하여 살펴보자.

진입차선에서 주행차선으로 들어서기 위해서는 가속 라인

진입차선에서는 뒤차와의 거리를 여유있게 두고 진입여부를 결정한다.

을 충분히 활용한다. 가속 라인에서 가속을 할 때에는 주행차선을 달리고 있는 차들과 속도를 같게 하거나 조금 더 빠른 속도로 가속하는 것이 좋다.

우선은 톨게이트에서 티켓을 끊으면서 본선을 달리는 차의 속도를 살핀다. 다음 차선이 비어 있거나 차 간격이 비교적 벌어져 있는 곳을 체크하고 가속한다. 진입차선은 주행선 합류에 필요한 거리가 확보되어 있으므로 서두르지 말고 침착하게 들어가도록 한다.

이때는 주행차선을 달리는 차의 앞으로 끼어드는 것이 아니라 자동차 2-3대 정도의 간격을 두고 따라붙는 것이다. 이렇게 하면 주행차선을 달리고 있는 차의 차간거리에 맞추어 부드럽게

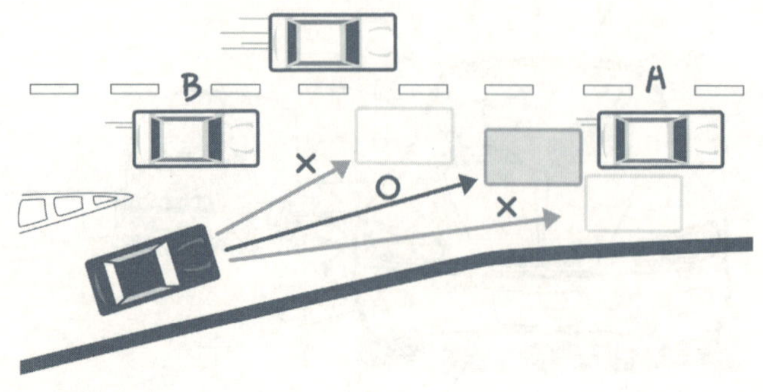



주행차선 합류시에는 A차와 B차의 중간으로 들어서기 보다는 A차의 뒤에 붙어야 한다. A차와 나란히 달리는 것은 꼭 피해야 한다.

들어서게 된다.

혹시 가속차선이 짧아 주행차선의 흐름을 탈 수 없게 될 때에는 지나간 차의 뒤를 따라 주행차선으로 진입한 후 최대한 빨리 본선의 흐름에 합류해 가속하는 방법을 쓴다.

## 일정 속도를 유지하는 것도 기술이다

무사히 주행차선에 들어서게 되면 이제부터는 부드럽고 쾌적하게 달리는 것이 가장 중요하다. 일단 주행차선에 들어서서 다른 자동차들의 흐름에 적응하게 되면 여유 있게 달리면 된다. 무조건 빨리 달려야 한다는 생각은 버리는 것이 좋다. 중요한 것은 일정한 속도를 유지하며 달리는 것이다. 정속주행으로 속도계를 보면서 속도를 조정하면 된다.

언덕길을 오르거나 내려갈 때도 일정한 속도를 유지하는 것이 장거리 운전에서 오는 스트레스를 줄이는 방법이다.

차선을 변경할 때에는 진입하려는 차선 쪽의 방향 지시등을 켜고 뒤쪽 교통상황을 확인한 다음 들어선다. 룸미러나 사이드미러에만 의지하면 차의 옆쪽에서 뒤쪽에 이르는 사각(死角)을 확인할 수 없으므로 고개를 돌려 눈으로 확인하는 것이 중요하다.

속도에 익숙하지 않고 주위 사항을 살필 여유가 없을 때에는 추월을 되도록 삼가고 주행차선을 주시해 달리는 편이 좋다.

또한 계속 추월차선으로 달리면 다른 차에게 방해가 될 수 있으므로 추월차선을 제한속도로 달릴 때 다른 차가 빠른 속도로 따라오면 비켜준다.

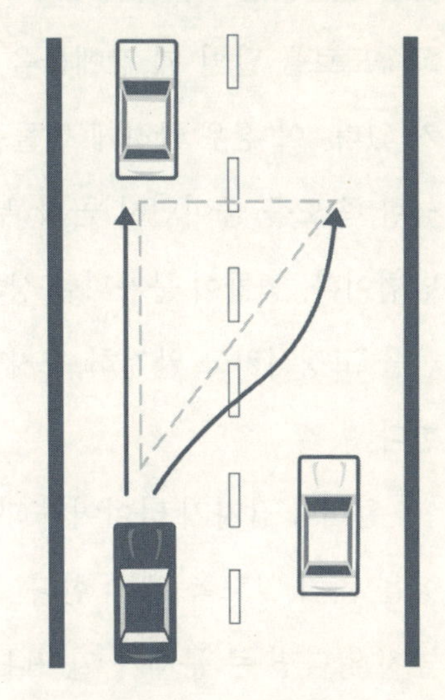

차선을 변경할 때는 뒤쪽 상황을 확인하고 충분한 거리를 두고 진행한다.

### 급한 핸들링은 자살행위다

고속도로를 달릴 때 장애물을 발견하고 급히 피해야 하는 경우
가 있다. 이 경우 급하게 핸들을 꺾는 것은 자살행위와 같다. 가
능한 속도를 줄이면서 곧장 부딪치는 것이 피해를 최소화하는
방법이다. 충돌이 불가피한 상황이라고 판단되면 부딪치는 순간
몸을 고정시키고 완전히 정지할 때까지 힘을 주어 충격에 대비
한다.

달리다 갑자기 타이어가 파열되는 경우는 핸들을 꼭 잡아 방
향을 잃지 않도록 해야 한다. 뒤쪽 바퀴가 파열된 경우 속도만
높지 않다면 큰 문제가 일어나지 않는다. 속도를 서서히 줄이되
급브레이크는 피하고 침착하게 차를 정지시킨다.


### 넓게 멀리 보도록 한다

잘 알다시피 고속도로에서는 주정차가 금지되어 있다. 그러나
실제로 교통체증 때문에 속도를 줄이거나 차를 세워야 하는 경
우가 많다. 도로공사가 진행 중이거나 교통사고가 발생했을 때
가 대표적인 예이다.

이러한 불규칙적인 정체 현상은 가벼운 접촉사고를 일으키
기도 한다. 일정한 속도로 달리다 갑자기 정지해야 할 곳이 나타
나면 속도를 줄이더라도 접촉사고가 발생할 수 있다. 따라서 빠
른 속도로 달릴 때는 시선을 될 수 있는 한 멀리 두고 달려야 한
다. 이렇게 해야만 앞서 달리던 차들의 브레이크등 불빛으로 정

체 상태를 파악할 수 있다. 비상등을 켜서 뒤차에게도 주의를 주도록 한다.

## 빗길 운전법을 익혀라

비가 올 때 고속도로를 달리는 경우 헤드 램프나 안개등은 반드시 켜야 한다. 안개등은 앞을 잘 보기 위해서라기보다 다른 운전자에게 자기의 위치를 알리는 용도로 쓰인다.

가끔 물안개 때문에 대형차의 백미러에 작은 승용차가 비춰지지 않을 수 있다. 이렇게 되면 대형차에서 튀기는 물세례를 받을 수 있으니 각별히 주의해야 한다.

빗길에서 고속주행을 하다 보면 수막현상이 일어난다. 이 현상은 고속주행시 타이어와 노면 사이에 물이 스며들어 순간적으로 타이어가 노면에서 뜨는 현상을 말하는 데 이렇게 되면 아주 잠깐 브레이크가 들지 않게 된다. 이럴 경우에는 당황하지 말고 액셀러레이터에서 발을 떼고 감속해 운전한다.

오랜 시간 많은 통행량이 지나면 고속도로에 이상 마모로 인한 깊은 골이 패인다. 비가 오면 그곳에 물이 고이기 마련이고 달리다보면 차바퀴가 그곳에 빠지는 수도 있다. 이런 골은 피하는 것이 최선의 예방법이겠지만 일단 물구덩이에 들어섰을 때는 핸들을 꽉 잡아 주행방향을 잃지 않으면서 침착하게 빠져나온다. 이때도 역시 브레이크는 밟지 말아야 한다.

## 속도계를 살펴 일반도로에 자연스럽게 적응하라

목적지의 인터체인지에 가까워지면 우선 감속 차선에서 속도를 줄인다. 장시간 넓은 도로를 고속으로 달렸으므로 운전자는 속도에 둔감해져 있다. 따라서 꼭 속도계를 살펴보아야 한다.

감속차선에 들어서기 전에는 서서히 속도를 줄이되 절대로 차를 세워서는 안 된다. 뒤따라 오는 차들과 충돌할 수 있기 때문이다.

톨게이트를 빠져나온 다음에는 고속도로의 교통상황은 모두 잊어버리고 일반 도로의 흐름에 빨리 적응하는 것이 좋다.

---

**TIP 고갯길 절약 운전법**

운전을 하다보면 고갯길을 넘어야 하는 경우가 종종 생긴다. 특히 강원도 쪽으로 여행을 할 경우 대관령 등 많은 고갯길을 만나게 된다. 고갯길을 올라가다 보면 당연히 많은 연료를 소모하게 되는데 내려가면서까지 브레이크를 마구 사용해 연료를 소모하게 된다면 이는 바로 낭비가 된다.

절약형 내리막길 주행법 방법은 엔진브레이크를 사용하는 것이 좋다. 고갯길을 내려갈 때는 기어를 2-4단 사이에 놓고 엔진회전수를 1,700RPM 이상으로 유지한다. 이렇게 하면 연료가 공급되지 않으면서 엔진이 브레이크 역할을 하게 되어 차량 제동에 도움을 준다.

연료도 절약되고, 브레이크 패드의 마모도 감소된다. 더불어 브레이크 패드가 과열되는 것을 방지하게 되어 안전운전에도 많은 도움을 줄 수 있다.

# 5분을 투자하면 50분이 안전하다

자동차를 오랫동안 운전하다보면 운전피로가 쌓여 머리도 무거워지고 몸도 피로해진다. 이런 상태에서 탈출하는 가장 좋은 방법은 몸을 움직이는 것이다.

장시간 같은 자세에서 같은 동작을 반복하는 운전은 근육 수축과 혈액 순환장애를 가져온다. 이런 상태가 지속되면 심한 피로감을 느끼기 마련인데 이때 재충전 체조로 몸에 활기를 불어넣어주는 것이 필요하다. 근육을 풀어주는 5분 정도의 체조는 30분 정도 건강 마사지를 받는 것보다 효과가 높다.

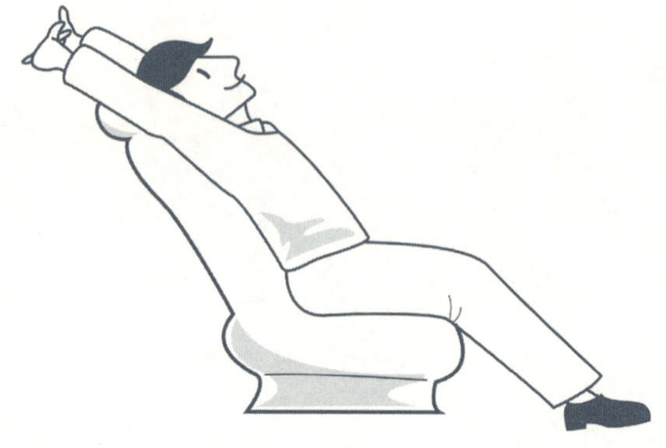

속이 더부룩할 때 가벼운 기지개로 몸을 이완시켜 준다.

두 다리를 모으고 등받이를 적당히 뒤로 젖힌다. 양손은 모아 올리고 숨을 들이마시며 뒤로 젖힌 다음 10초 정도 숨을 멈추고 그대로 참는다. 이 동작을 몇 번 반복한다.

## 허리가 묵직하거나 아플 때

허리가 불편하다면 몸을 틀어 근육을 풀어준다.

등받이를 약간만 젖히고 왼손으로 등받이의 오른쪽을 잡으며 허
리를 돌린다. 이 동작을 서너 차례 반복한 후 이번에는 오른손으
로 왼쪽 등받이를 잡으며 허리를 돌린다. 이 동작을 여러 번 반
복한다.

## 눈과 팔이 피로할 때

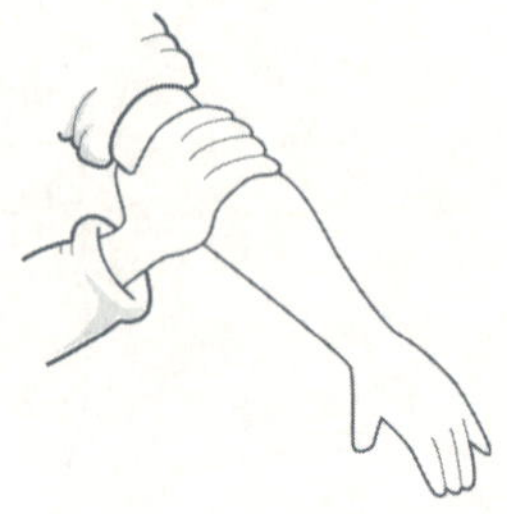

눈이나 팔은 피곤할 때마다 마사지를 해주면 효과가 있다.

두 손의 엄지가 귀 뒤쪽에 가도록 하고 검지, 중지, 약지로 관자놀이 부분을 누른다. 방법은 숨을 들이쉴 때 4~5초 정도 누르고 숨을 내쉴 때는 손가락의 힘을 뺀다. 이 동작을 여러 번 반복한다. 오른손으로 왼쪽 팔의 관절을 쥔다. 방법은 엄지는 팔꿈치 부분을, 나머지 손가락은 관절 안쪽을 쥐고 가볍게 누른다. 이 동작을 왼팔과 오른팔을 바꿔가며 여러 차례 눌러준다.

## 두통을 느낄 때

운전중 두통은 신경과민으로 인한 것일 때가 많다. 머리를 자극해 긴장을 풀어준다.

편안한 자세로 앉은 후에 머리 뒤쪽을 양손으로 잡아 가볍게 누른다. 다음에는 깍지를 낀 후 머리를 가볍게 앞으로 밀어본다. 왼손바닥을 이용해 머리를 오른쪽으로 가볍게 밀어보고 반대로 오른손을 이용해 왼쪽으로 가볍게 밀어본다. 마지막으로는 고개를 크게 여러 번 돌려본다.

# 위험은 항상 보이지 않는 곳에 있다

K대리는 '하면 된다'는 정신으로 부지런히 움직이는 맹렬 영업 사원이다. 아침 영업 회의를 마치고 잡무를 처리하다보니 오전 11시 30분을 막 지나고 있었다. 거래처 담당 부장과의 점심 약속은 12시. 불과 30분밖에 남지 않았다. K대리는 서둘러 주차장으로 나와 차 문을 열고는 서류봉투를 대시보드 위에 던져두고 시동을 걸었다.

급한 마음으로 서둘러 주차장을 빠져나와 도로로 접어들었으나 바로 신호에 걸렸다. 신호가 바뀌어 급출발을 했고 속력을 붙여 나갔다. 다행스럽게도 앞서 달리는 차는 없었다. 200m 전방에 있는 교차로 신호기에 직진 신호가 들어왔다. 충분히 통과할 수 있다고 판단, 가속페달을 밟는 순간 그만 길 왼편 골목에서 뛰어나오는 오토바이의 앞바퀴를 들이받고 말았다.

사고의 원인은 무엇인가? 결론부터 말하자면 모두 3가지의 사각이 존재했기 때문이다.

첫 번째 사각은 원점(遠点)과 근점(近点) 때문에 발생하는 사각이다. K대리가 주시했던 200m 앞의 신호는 원점에 있다. 보통 원점에 초점을 맞추게 되면 오토바이가 나타나는 근점은 잘 보이지 않게 되는 것이다.

두 번째는 사람의 시력이 감당해 내는 범위가 의외로 좁기 때문에 나타나는 사각이다. 가운데를 똑바로 보았을 때 시력이 1.2인 사람이 양쪽으로 5도 정도 벌어진 곳을 살필 때에는 시력이 0.5 이하로 떨어진다. K대리의 경우처럼 먼 거리의 신호등에 초점을 맞추었을 경우 신호는 잘 보이지만 옆에서 나오는 오토바이는 안 보이는 것이 당연하다.

마지막으로는 대시보드 위에 올려놓은 서류봉투가 유리창에 반사되면서 만들어내는 사각이다. 이 경우는 반사를 일으키는 물건만 올려놓지 않으면 피할 수 있는 사각이지만 의외로 많은 사람들이 대시보드 위에 물건을 얹어놓아 이러한 사각을 만들어 낸다. 3가지 사각이 복합적으로 작용해 사고를 일으키게 된 것이다.

사람의 시야는 약 180도 정도이지만 물체를 명확하게 판단할 수 있는 시력이 존재하는 부분은 불과 5도 정도이다. 따라서 중심선에서 좌우로 2.5도 이상 벗어나게 되면 물체를 확인하는

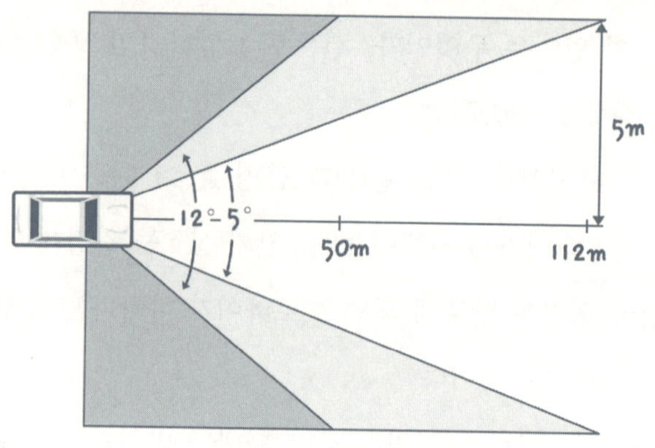

사람의 시각은 의외로 제한적이다. 운전중 운전자는 시선을 100m 이상 멀리 두기 때문에 전면으로 볼 수 있는 범위는 5도를 넘지 못한다.

능력은 현저하게 떨어진다.

폭이 약 10m인 도로를 달리는 경우, 10m 도로 폭을 완전하게 확인할 수 있는 곳은 약 112m 전방이다. 이 계산법의 근거는 완벽하게 시야가 확보되는 5도라는 점이다. 만약 50m정도 앞에 시선을 고정시킬 경우는 절반정도인 5m 정도만 완전하게 확인할 수 있다. 나머지 5m는 어느 정도 확인할 수 있지만 식별능력은 떨어지게 된다. 그렇다면 112m 앞을 보면서 운전하는 사람이 양옆에서 일어나는 상황을 전혀 못 보는 부분은 어느 정도일까? 계산상으로는 12도 정도인 것으로 알려져 있다.

앞을 잘 살피며 달리는 운전자에게도 언제나 보이지 않는 사각이 존재한다. 사람 눈이 지니고 있는 한계 때문이다. 따라서 좁은 길을 운전할 경우에는 시선을 고정시키지 말고 양옆을 두루 살피면서 시야를 넓히는 것이 중요하다.



운행 중 브레이크를 밟으면 당연히 속도가 줄어들게 된다. 감속이 진행된 상태에서 브레이크를 밟기 전의 속도로 회복하려면 액셀러레이터를 밟아 가속을 해야 한다. 이 과정에서 연료가 소모되는 것은 어쩔 수 없는 일이지만 약간의 센스를 발휘해보면 브레이크를 밟지 않고 운전을 하면 연비를 올릴 수 있다는 결론에 이르게 된다.

신호대기, 사고위험 등 불가피한 상황이라면 어쩔 수 없지만 브레이크 사용을 가능한 줄일 수 있는 방법을 생각해 보자. 가장 좋은 방법은 앞차량과 충분한 안전거리를 확보해 급작스런 브레이크 사용을 줄이는 것이다. 운전시 앞차량의 운행상황뿐만 아니라 그 전방에 위치한 차량들의 운행상항도 살펴볼 수 있다면 앞 차량이 잠깐 잠깐 브레이크를 밟는 것을 방지할 수도 있다.

안전거리 확보는 절약 운전은 물론 안전 운전에서도 강조하는 운전습관이므로 숙지하고 습관화하는 것이 좋다.

# 사고를 예방하는 자기 암시

평소에 잘 알고 지내는 사람 가운데 20년 무사고 운전을 한 운전자가 있다. 그동안 사소한 교통위반도 없었다는 자부심이 대단하다. 무사고, 무위반 운전을 20년간 했으니 결과적으로 자동차 운전을 할 때 들어가는 소위 '딱지값'을 절약하는 알뜰 운전을 몸으로 실천한 셈이다.

그의 무사고, 무위반 운전 비결은 어디에 있을까? 비결을 물으니 해답은 간단하다. 매일 운전을 시작하기 전에 "오늘도 반드시 무위반 운전을 하자"고 스스로에게 다짐을 한다는 것이다. 그것도 마음속으로 하는 것이 아니라 남들도 들을 수 있도록 큰 소리로 외친다.

물론 이러한 사소한 행동이 정말로 사고를 방지하는 안전운전에 도움이 될 지 의심을 하는 사람도 있을 것이다. 그러나 이러한 자기 암시는 충분히 효과가 있다고 한다.

자기 암시는 무의식의 세계를 개발하는 것으로 무의식 속에서 미리 다짐했던 행동들을 빠짐없이 지켜나갈 수 있게 한다.

자신과의 대화를 통한 자기 암시는 자동차 운전에 있어서 여러 가지 형태로 응용될 수 있다. 운전석에 앉은 후 스스로에게 "자동차의 상태를 점검해 보자"고 이야기한 후 계기판을 통해 차를 살피면서 대화를 하듯 자동차 상태를 점검해 본다. "엔진오일을 언제 갈았지?", "어제 달리다보니 핸들이 빽빽한데 파워 스티어링 오일이 조금 줄어든 것은 아닐까?", "곧 찬바람이 날 텐데 배터리 상태는 어떨까?" 등 스스로와의 대화를 통해 운전 전에 자동차 점검을 하면 자동차 관리에도 적극적인 자세를 갖게 된다.

운전 중에 자신과 대화를 하면 행선지도 쉽고 편하게 찾아갈 수 있다. "이 시간에는 한남대교가 막히니까 동호대교로 가는 게 좋을 거야", "올림픽대로는 이맘때쯤이면 김포공항 방향으로는 차가 적을 테니 안심하고 들어설 수 있겠어" 등의 교통 정보를 스스로에게 질문하고 답하면서 운행계획을 잡으면 시간도 절약되고 연료도 절약하는 알뜰 운전을 할 수 있다.

운전을 시작하기 전에 자신과의 대화를 시작하자. 그러면 빠르고 안전한 운전을 즐길 수 있을 것이다. 🚗

# 음주 후 운전자는 제정신일 수가 없다

말레이시아에서는 음주운전을 하다 붙잡히게 되면 부인까지 소환해서 유치장에 가둔다고 한다. 남편 잘못 만난 덕에 유치장 신세를 지게 된 부인이 밤새도록 잔소리를 퍼붓게 만들어 다시는 음주운전을 못하게 하려는 의도다. 호주에서는 신문에 고정란을 만들어두고 이름을 게재해 공개망신을 준다. 유럽의 몇몇 나라에서는 10년 동안 운전을 못하도록 면허를 정지시킨다. 이렇듯 신기하고 가혹한 처벌 방법을 내놓을 만큼 음주운전은 골치 아픈 사회문제임에 틀림없다.

그러나 사실 음주운전은 개인이 갖고 있는 운전에 대한 의지보다는 알코올이 만들어내는 판단장애에서 비롯된다. 일본의 운전심리학자인 후지오 씨는 음주운전의 심리를 연구하기 위해 술에 자신이 있는 50여 명을 초청해 놓고 우리의 소주와 비슷한 일본 술 3홉을 1시간 안에 마시게 했다. 그리고는 30분 간격으로 3회에 걸쳐 혈중 알코올 농도를 조사하면서 간단한 심리테스트도 병행했다.

참석한 사람들은 테스트라는 사실 때문에 긴장하고 마시기 시작했지만 한 잔, 한 잔 더해 갈수록 긴장이 풀어지고 음담패설이 오고가는 분위기로 변했다. 드디어 약속된 1시간이 지났고, 술을 마신 사람들의 혈중 알코올 농도를 체크해 보았다.

실험 결과는 생각보다 재미있게 나왔다. 같은 양의 술을 마셨음에도 불구하고 사람마다 혈중 알코올 농도가 달랐던 것이다. 그 이유는 알코올 분해 능력이 사람마다 다르기 때문이라고 볼 수 있다.

또 '취기가 오르는지'를 묻자 혈중 알코올 농도가 높은 사람은 '아직 취하지 않았다'라고 답했고 혈중 알코올 농도가 낮은 사람은 오히려 '좀 취하는데'라고 대답했다.

이 사실을 볼 때 알코올이 몸속에 허용치 이상 들어가면 판단에 장애가 온다는 것을 쉽게 알 수 있다. 술에 취한 사람은 운전을 하지 말아야 한다는 판단을 못하는 것이다. 술은 마셨지만 취하지 않은 사람은 취기를 느끼며 운전을 포기한다. 이 경우는 아직 알코올에 의한 판단장애 상태에 이르지 않았기 때문이다.

음주운전을 하는 사람은 흔히 "나는 아직 안 취했어"나 "아직 운전 할 수 있어"라고 말한다. 이 정도면 판단력을 잃고 눈 감

고 운전하는 상태가 되는 셈이다. 이런 상황에서 대형사고를 일
으키지 않는다면 그것이 오히려 기적이다.

운전은 정확한 판단으로 시작해서 정확한 판단으로 끝낼 수
있을 때만 해야 한다. 그렇지 않으면 자신뿐만 아니라 가족이나
다른 사람에게도 불행한 결과를 가져다 준다. 따라서 운전을 하기
전에 판단력을 흐리게 만드는 술은 절대 마셔서는 안 된다.



뜨거운 여름, 한낮에 운전을 하거나 실외에 차를 주차해 놓으면 연료
라인의 온도가 올라간다. 이때 연료탱크에서 증발하는 가스가 외부로
유출되어 마치 연료가 세는 것과 같은 현상이 발생하므로 연료 소모
가 많아진다.

또한 날이 더워지면 차 안의 공기 온도도 올라가 어쩔 수 없이 에어
컨을 사용하게 되므로 엔진에 무리를 주게 된다. 물론 연료 소모가
많은 것은 당연한 것이다.

이러 저러한 면들을 생각한다면 한여름 정오를 기준으로 한낮 운행은
자제하는 것이 좋다.

# 6

# 수리비를 반으로 줄이는 DIY 테크닉

# 지친 엔진에 힘을 주는 5가지 방법

우리나라 운전자들은 평균적으로 3년 정도마다 차를 바꾼다고 한다. 보통 한 해 평균 2만 km를 달린다고 가정할 때 6만 km 정도만 타면 타던 차를 팔고 새 차를 구입한다는 계산이 나온다. 이렇게 주인이 바뀐 차는 대부분 12-15만 km 정도까지 버티고는 폐차장으로 향한다.

자동차 선진국인 미국이나 유럽차에서 50만 km 이상을 달리는 것은 보통이고 100만 km를 넘기는 차도 심심찮게 나오는 것을 볼 때 우리의 자동차 과소비는 심각한 수준이 아닐 수 없다.

그렇다면 외국차가 국산차에 비해 품질이 월등하기 때문에 오래 타는 것일까? 그렇지 않다. 우리차의 품질도 외국차에 버금가는 수준으로 올라와 있다. 자동차 선진국으로 국산차가 팔려

나가는 것만 봐도 우리 차의 경쟁력을 충분히 확인할 수 있다.

굳이 우리차가 단명하는 이유를 꼽자면 가장 먼저 관리 소홀을 들 수 있다. 자동차는 일정 시간이 지나면 성능이 떨어진다. 성능 유지를 위해서는 그때마다 적절한 조치를 취해 줘야 한다. 특히 자동차의 심장인 엔진은 지속적으로 관리해 주지 않으면 쉽게 병들고, 제때 수리하지 못해 악화되면 다시 소생시키는 것이 불가능하다.

역으로 엔진이 건강하면 자동차의 겉모양은 낡았더라도 언제나 새 차처럼 편안하고 안전한 드라이브를 즐길 수 있다. 엔진의 건강을 지키는 몇 가지 방법은 익혀 언제나 새 차 같은 엔진을 유지해 보자.

## 1. 배기가스를 체크한다

배기가스는 병원에서 대소변 검사로 건강 상태를 확인하는 것과 같다. 일반적으로 한겨울의 입김 같은 배기가스가 나오면 정상이다. 만약 검은 연기가 나오면 휘발유가 불완전 연소되는 상태이므로 그 원인을 찾아 해결해 줘야 한다. 이 경우는 대부분 인젝터 오염이나 점화시기를 결정하는 ECU에 이상이 발생한 경우다. 배기가스의 색이 청백색이면 엔진오일이 함께 타고 있는 상황이다. 실린더 안쪽 상황을 체크해 고칠 필요가 있다.

## 2. 전기계통의 트러블을 방지한다

엔진은 대부분 전자식이다. 따라서 엔진을 컨트롤하는 전기 계통의 트러블을 미리 막아주면 항상 건강한 엔진을 기대할 수 있다. 엔진의 전기적인 트러블은 가벼운 부주의에서 일어난다. 시동을 끈 상태에서 자동차 전원으로 작동하는 오디오나 액정 TV 등을 볼 때 시동키의 위치를 'ON'으로 놓는 경우가 많은데 이 상태가 되면 배터리의 전력 소모가 많아지고 시동 모터나 ECU 등에 전류가 흘러 엔진에 나쁜 영향을 미친다. 따라서 정지 상태에서 전기를 사용할 때에는 시동키를 반드시 'ACC' 상태로 놓는다.

## 3. 에어클리너의 성능을 높인다

에어클리너가 하는 일은 사람의 폐가 하는 일과 같다. 에어클리너의 성능을 높이는 것은 폐활량을 높이는 것에 비교할 수 있다. 엔진으로 들어오는 신선한 공기가 많으면 엔진도 건강해 진다는 단순한 진리를 염두에 두고 에어클리너의 성능을 높여야 한다. 시중에서 습식 필터나 단면적을 크게 향상시킨 경주차용 필터도 쉽게 찾을 수 있으니 이를 활용해 보는 것도 바람직하다.

## 4. 엔진 마운트로 엔진 상태를 확인한다

엔진은 시동을 거는 순간부터 멈출 때까지 다양한 형태로 진동을 한다. 이 진동이 바로 기어 레버로 전달되는데 기어 레버가 심하게 떨리기 시작하면 엔진 마운트를 살펴본다. 엔진의 방석 역할을 하는 엔진 마운트는 엔진의 진동을 감소시키기 위한 것으로 엔진의 건강 상태를 확인할 수 있다.

## 5. 엔진오일을 체크한다

엔진오일은 사람의 혈액과 같이 매우 중요한 역할을 맡고 있다. 엔진오일이 부족하거나 너무 많으면 엔진의 정상적인 동작을 방해하기 마련이다. 부족하면 빈혈 증상처럼 엔진 힘이 떨어지고 소음이 심해지며 너무 많으면 식곤증 환자처럼 둔하고 무기력해 진다. 따라서 오일 양을 자주 체크해서 엔진의 활기를 유지하도록 해야 한다.

엔진의 힘이 떨어졌을 때 가장 손쉽게 해결 할 수 있는 방법은 성능 좋은 엔진오일을 넣는 것이다. 이 방법은 가장 고전적이지만 그 효과는 매우 뛰어나다. 광유 계통의 엔진오일을 사용하는 운전자들은 합성유를 한번 넣어보자. 합성유는 가격이 두서너 배 비싸지만 교환시기가 비교적 길고 엔진 성능을 향상시키므로 한 번쯤 시도해 볼 만하다.

TIP **비포장도로는 피하자**

도로면 상태가 나쁠수록 구름 저항이 증가한다. 포장도로와 비교할 때 비포장도로는 자갈길은 35%, 불량한 아스팔트는 15% 이상 더 소모된다. 건조한 흙길은 45% 연비가 나빠진다. 가능한 한 포장도로와 안정된 노면을 달리는 것이 좋다.

# 낯선 이름들과 친해져라

알뜰 관리를 위해서는 자동차의 몇몇 장치들과 친해질 필요가 있다. 물론 이 장치들 대부분이 한두 번 실물을 확인하고 직접 만져보면 쉽게 친해질 수 있는 부분들이지만 그 낯선 이름들 때문에 쉽게 보닛을 열지 못하는 이들도 많이 있다. 우선 낯선 이름들과 친해져라. 그런 다음 부품별 점검 방법을 살펴보자.

### 휠 얼라인먼트: 핸들이 무거울 때 살펴보자

곡선 길을 돌아 나갈 때 차체가 뒤뚱거리는 느낌라이면 휠 얼라인먼트 고장을 의심해 본다. 휠 얼라인먼트는 차축정렬, 혹은 차륜정렬이라고 말할 수 있다. 차가 직진할 때 곧바로 나갈 수 있고, 핸들을 꺾고 다시 직진을 할 때 핸들이 제자리로 돌아올 수 있도록 앞바퀴를 조종하는 역할을 한다.

### 로 암: 운전시 잡음이 들린다면

차체와 서스펜션을 이어주는 부분으로 사람으로 비유하면 관절 같은 곳이 로 암이다. 차가 혹사당하기 시작하면 로 암은 귀에 거슬리는 잡음을 내게 된다. 이곳에 스프레이식 윤활제를 가끔 뿌려두면 잡음을 잡고 하체의 수명도 길게 할 수 있다.

### 서스펜션: 하체에 기름이 흘렀을 경우

승차 안정감이나 직진 안전성, 코너링 성능 등에 큰 역할을 하는 것이 서스펜션이다. 생각보다 쉽게 손상되는 편이지만 보통 운전자들은 잘 발견하지 못한다. 가끔 하체를 살펴보면서 쇼크업소버 등에 기름이 흘러내리지는 않는 지 확인하고 손상되었으면 교환한다.

### 브레이크 패드: 정지시 잡음이 들릴 때

여름에는 높은 기온 때문에 브레이크를 밟을 때 심한 소음이 발생한다. 최근 제동력을 높이기 위해 고성능 브레이크 패드를 사용하는 경향이 있는데 이 경우에도 제동시 소음이 심하게 난다. 이때는 패드를 분리한 후 패드 양끝을 쇠톱이나 그라인더로 비스듬하게 갈아내면 소음을 줄일 수 있다.

## 엔진 마운트: 험한 도로를 달린 후 점검

험한 길을 자주 달리거나 급가속, 급정거를 자주 하면 엔진이 앞
뒤, 좌우로 쏠리면서 엔진을 차체에 고정시키는 마운트에 충격
을 주게 된다. 타이어나 엔진오일 교환을 위해 리프트로 차를 들
어올리게 되면 반드시 엔진 마운트 부분을 점검해 준다.

## 트랜스미션 오일

보통 차계부까지 준비해 두고 엔진오일의 교환에 신경을 쓰는
사람도 트랜스미션 오일은 교환 없이 폐차 때까지 쓸 수 있다고
생각하기 쉽다. 그러나 트랜스미션 오일에도 수명이 있어 제때
교환해 주지 않으면 트랜스미션을 통째로 교환해야 하는 경우도
있다. 일반적으로 자동변속차는 2만 km, 수동변속차는 4만 km
정도에 교환하는 것이 바람직하다.

> **TIP 기름값 매일 매일 상승곡선이다**
>
> 차를 한 번 사면 5~6년 동안은 바꾸지 않고 타는 점을 감안하면 구
> 입 전에 2~3년 이후의 세금과 기름값을 따져보는 일은 중요하다.
> 정부의 에너지 가격 조정방안에 따르면 휘발유와 경유, LPG(액화석
> 유가스)의 가격비는 각각 상향 조정된다. 휘발유 가격 대비 경유와
> LPG 가격이 오르는 셈이다. 현재 가격이 싸다고 무리해서 LPG 차
> 량을 구입하는 것은 피해야 할 것이다.

# 엔진 파워업 내부코팅제

자동차는 시동을 끄고 2~3시간 정도 지나면 엔진오일이 모두 오일 팬으로 흘러 내려간다. 따라서 시동을 거는 순간은 엔진 내부에 오일이 내려가 있는 상태로, 윤활보호막이 없다. 순간적인 마모가 일어나게 되는데 이때 가장 필요한 것이 엔진내부코팅제이다.

엔진내부코팅제의 기본 소재는 건성윤활제이다. 건성윤활제는 성분에 따라 그 효능에 차이가 있는데 세계적으로 널리 사용되는 윤활제로는 흑연과 몰리브덴, 불소수지인 PTFE(Poly Tetra Fluoro Ethylene) 등이 있다. 이 가운데 PTFE는 인류가 개발한 물질 가운데 가장 매끄러운 것으로 기네스북에 올라 있을 정도이다.

엔진내부코팅제를 사용하면 구체적으로 어떤 효과를 얻을 수 있는 것인가? 먼저 엔진 마모를 막아주기 때문에 엔진의 수명이 늘어난다. 또 엔진활성화로 연비가 향상된다. 여기에 엔진 출력 향상도 빼놓을 수 없다. 더불어 엔진 소음 감소의 효과도 얻을 수 있다.

엔진내부코팅제를 넣을 때는 엔진오일을 모두 빼낸 후 충분히 흔들어 준 코팅제와 엔진오일을 한꺼번에 넣는데 이때 코팅제 양만큼 엔진오일의 양은 줄여서 넣는다. 코팅제를 넣은 후에 바로 시동을 걸고 30분 정도 운행하면 엔진 내부에 고르게 코팅막이 형성된다. 새 차의 경우는 완벽한 새 차 길들이기 기간이 지난 후인 주행거리 만 km 이후에 하는 것이 좋다.

시중에 다양한 종류의 엔진코팅제가 소개돼 있다. 엔진코팅제를 선택할 때는 어떤 제품을 어떻게 고를 것인가, 고려해야 할 사항은 다음과 같다.

첫째, 엔진오일 필터에 걸리지 않을 정도로 코팅 성분의 입자가 작아야 한다.

둘째, 몰리브덴이나 PTFE 등 건성윤활제의 함유량이 높아야 한다.

셋째, 내부의 세밀한 곳까지 코팅이 될 수 있도록 결합력이 좋아야 한다.

넷째, 엔진오일과 화학작용을 일으켜서는 안 된다.

다섯째, 고열에 잘 견뎌야 하며 고체 미립자가 없어야 한다.

사실 일반운전자가 선택사항을 모두 파악하기는 쉽지 않지만 코팅제 구성내용을 살펴보고 판매직원과 상의해 보면 금방 답을 알 수 있다. 🚗



경유차를 선호하는 이유는 휘발유차보다 연료비가 낮은 반면 연비가 우수하고 출력이 높기 때문이다.

예를 들어 휘발유 가격이 $l$ 당 1,380원, 경유 가격이 850원이고, 1년 간 2만 km를 달릴 경우 휘발유를 사용하는 준중형 승용차 쎄라토 1.5(연비 12.4km/$l$)는 연간 222만 원의 유류비가 드는 반면, 경유로 가는 쏘렌토2.5(연비 11.6km/$l$)는 146만 원에 불과하다. 76만 원이 절감된다는 계산이 나온다.

여기에 자동차 세금까지 합산할 경우 연간 유지비를 96만 원이나 절약할 수 있다고 하니 힘 좋고 유지비가 싼 경유차를 타는 것도 절약운전을 위한 좋은 방법이다.

# 퓨즈만 알면 낭패는 면한다

전기 계통의 고장은 불청객같이 갑자기 찾아온다. 밤길을 달릴 때 전조등이 꺼지거나 눈비 오는 날 와이퍼가 멈춘다면 정말 낭패가 아닐 수 없다. 이때를 대비해서 전기 계통 고장에 대한 정비 상식을 익혀두는 것이 좋다.

전기 계통의 고장을 수리하는 마법사는 '퓨즈'이다. 퓨즈에 대한 일반 상식과 퓨즈의 용도, 위치 등을 평소에 익혀두면 전기 계통 고장 수리는 절반 정도 익힌 셈이다. 퓨즈의 위치는 차에 따라 차이가 있으므로 차량에 구비된 사용설명서를 참조한다.

## 클랙슨이 울리지 않을 때

우선 클랙슨이 울리지 않는 경우에는 퓨즈를 점검해 본다. 퓨즈

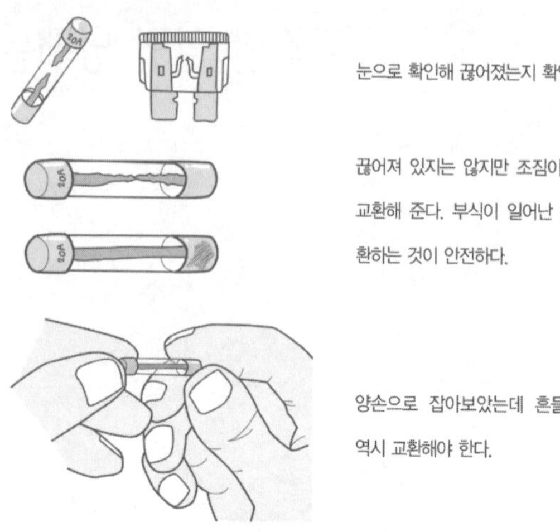


퓨즈는 육안으로 그 상태를 충분히 점검할 수 있다. 잔고장을 방지할 수 있는 1순위 DIY 부품이다.

가 끊어지지 않았으면 클랙슨이나 클랙슨 릴레이에 이상이 있는 경우이므로 점검, 교환하면 된다. 클랙슨이 울렸다 안 울렸다를 반복하는 경우 우선 핸들을 돌리며 클랙슨을 눌러 본다. 만약 계속 울렸다 안 울렸다를 반복하면 핸들 안쪽의 접촉 불량일 가능성이 크므로 이 연결부분을 손봐 주면 된다.

## 클랙슨이 계속 울린다

당황하지 말고 퓨즈박스의 클랙슨 퓨즈를 빼낸다. 그래도 계속 울리면 클랙슨으로 들어가는 배선 두 가닥 가운데 하나를 빼낸다. 그런 다음 다시 퓨즈를 끼워 엔진룸 쪽에서 찰칵거리는 소리가 들리는지를 확인한다. 만약 찰칵거리는 소리가 들리지 않으면 클랙슨 릴레이에 문제가 있는 경우이므로 다시 퓨즈를 빼고 릴레이를 구해 넣는다. 찰칵 소리가 나는 경우는 릴레이보다는 핸들 쪽 접지 이상일 확률이 크므로 핸들 쪽 접점을 살펴본다.

## 방향지시등이 작동하지 않는다

양쪽의 방향지시등 모두가 들어오지 않는 경우는 퓨즈를 점검해 본다. 끊어진 경우는 새것으로 바꿔주면 되지만 끊어지지 않은 경우에는 앞뒤 두 곳 등 모두 네 곳의 전구를 확인해야 한다. 한쪽만 들어오지 않는 경우는 대개 퓨즈나 전구가 끊어진 경우이므로 쉽게 손볼 수 있다. 등의 불은 들어오는데 켜지는 간격이 빠르다면 전구가 타버린 것이므로 교체해 줘야 한다. 전구가 모두 정상이면 배선 계통의 고장이므로 정비소에 가야 한다.

## 전조등이 켜지지 않는다

테일 램프가 켜지는지를 먼저 확인한다. 퓨즈를 점검해 보고 끊어졌다면 교환해 주는 것이 좋다. 그러나 끊어지지 않았을 경우는 전구를 일일이 검사해야 한다. 전구가 모두 이상이 없으면 배선 고장일 확률이 높다. 테일 램프가 들어오면 퓨즈나 전구가 끊어진 것이므로 간단한 교환만으로 문제를 해결할 수 있다. 그러나 퓨즈를 새것으로 끼웠는데도 계속 끊어지면 배선 계통의 고장일 경우가 많으므로 정비소를 찾아야 한다.

전조등이 평소보다 어두워지는 경우는 배터리 이상일 확률이 높다. 이때는 배터리액을 점검해 보고 배터리 단자의 접촉 불량 여부도 확인해 본다.

### 워셔액이 나오지 않는다

워셔액이 나오지 않는 경우는 워셔액 잔량을 확인해 본다. 워셔액이 충분한 경우는 워셔액 분출 레버를 당겨 워셔액 탱크 모터에서 모터가 돌아가는 소리가 나는지를 확인한다. 모터가 작동되면 탱크에서 분출구로 이어지는 호스가 제대로 끼워져 있는지 살펴보고, 탱크 안에 불순물이 들어 있어 호스가 막힌 것은 아닌지 살펴본다. 모터 소리가 나지 않으면 퓨즈를 점검해 보는데 퓨즈 이상이면 쉽게 고칠 수 있지만 퓨즈가 정상인 경우 모터나 배선의 문제이므로 정비를 받아야 한다.

### 와이퍼가 갑자기 작동하지 않는다

와이퍼가 작동하지 않으면 스위치가 접촉 불량일 수 있으므로 켰다 껐다를 반복해 본다. 그래도 작동되지 않으면 퓨즈를 점검해 보는데 퓨즈가 끊어져 있으면 교환만으로 간단하게 해결할 수 있다. 퓨즈가 정상이면 배선이나 와이퍼 모터의 고장일 수 있으므로 모터로 들어가는 배선이 끊어져 있는 것은 아닌지 확인해 본다. 배선 이상이 아닌 경우 모터 고장일 확률이 높다.

# 어둠을 밝히는 자동차의 눈, 램프 간단 점검법

## 전조등

보통 '헤드 램프'라고 부르는 전조등은 상향등과 하향등으로 구성되어 있다. 하향등은 짧고 넓은 범위에 빛을 보내 밤길 운전을 돕는데 마주 오는 차에 방해가 되지 않도록 가까운 거리를 비추도록 조정되어 있다. 상향등은 자동차의 램프 가운데 가장 밝은 빛을 내는 램프이다. 고속도로에서 밤길을 달릴 때처럼 시야를 충분히 확보해야 할 때 사용한다. 상향등의 강한 불빛은 마주 오는 운전자의 눈을 부시게 만들어 안전운전에 방해가 될 수 있으므로 가로등이 없는 국도 등 어두운 곳에서만 사용해야 한다.

　전조등은 크게 실드 빔과 할로겐 램프 두 가지 종류로 나눌 수 있다. 실드 빔은 조금 오래된 방식으로 렌즈와 전구가 일체식

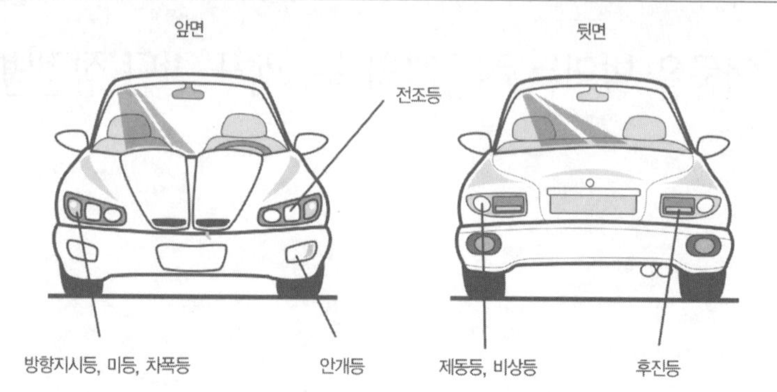


램프는 어두운 길에서 각각의 등을 켜봄으로써 간단하게 정상 여부를 확인할 수 있다.

으로 만들어져 있다. 할로겐 램프는 실드 빔 방식보다 더 밝고 수명도 길어 최근에 주로 사용하고 있다.

전조등을 점검할 때는 어둡고 평탄한 지하주차장 같은 곳에 차를 세운 후 하향등이 들어오는지, 상향등이 들어오는지를 먼저 확인한다. 만약 한쪽 전구만 들어오는 경우는 전구가 끊어졌거나 상·하향등 전환 스위치나 릴레이가 불량한 경우이다. 양쪽 전구가 모두 켜지지 않는다면 퓨즈가 끊어졌는지를 확인한다.

## 미등, 차폭등

미등과 차폭등은 어두워지기 시작하면 가장 먼저 켜는 등으로 기상 상태가 나쁜 경우에는 낮에도 사용한다. 차의 크기를 알려주는 이 등은 '스몰 램프'로도 부르는데 밤길에 일시 주정차를 할 때 자신의 위치를 알려주는 역할도 한다.

점검 방법은 전조등 스위치를 1단으로 돌려 미등과 차폭등을 켜고 켜지지 않는 곳이 있는지를 확인한다. 가장 흔한 고장은 램프나 퓨즈가 끊어진 것으로 운전자가 손쉽게 교환할 수 있다.

## 안개등

안개등은 비, 안개, 눈 등으로 인해 앞이 잘 안보일 때 사용하는 램프다. 일반 램프보다 빛이 멀리 퍼지는 특성이 있는 황색 램프를 사용하는 안개등은 도로교통법 상 전조등보다 아래에 위치하도록 정해져 있다. '포그 램프' 라고도 부른다.

## 방향지시등

자동차의 진행 방향을 알리는 방향지시등은 '윙커' 라는 이름을 갖고 있다. 차의 앞뒤에 각각 한 쌍씩 자리 잡고 있는데 최근에는 차의 앞쪽 휀더에도 부착되어 있다.

방향지시등이 켜지지 않는 경우는 퓨즈를 먼저 점검해 본다. 방향지시등의 점멸이 빨라진 경우는 한쪽 전구가 끊어진 상태이므로 전구를 교환해 준다.

## 제동등

뒤따라오는 차에게 '지금 브레이크 사용 중' 이라는 신호를 보내는 제동등은 '브레이크등' 으로 더 잘 알려져 있다. 차 뒤쪽에 위치해 있고 브레이크를 밟은 상태에서만 점검이 가능하기 때문에

정상 작동 여부를 확인하기 어려운 점이 있다. 혼자서 확인해야
하는 경우는 어두운 곳 벽 쪽에 차를 후진으로 바짝 세운 후 룸
미러를 통해 잘 켜지는지를 확인한다.

## 비상등

비상시에 사용하는 점멸등으로 방향지시등의 전구를 함께 사용
한다. 고장이 나거나 사고를 당해 도로에 차를 정지시켰을 때 뒤
따라오는 차에게 비상 상황을 알리는 역할을 한다. 비상등은 고
속도로에서 뒤차에게 앞의 위급한 상황을 알려주는 신호 역할도
맡고 있다.

## 후진등

'리버스 램프' 라고 부르는 후진등은 '후진을 하고 있는 차' 라는
사실을 알리는 역할을 한다. 후진 기어를 넣었을 때만 켜지는 이
등은 어두운 밤 주차를 위해 후진을 할 때 차의 뒤쪽을 비춰주는
기능도 한다.

---

**TIP 에어필터 교체로 에어컨 효율을 높여라**

여름철에 에어컨을 켠 채 1시간을 달리면 10-20%의 연료가 더 소
모된다. 자동차정비업소에서 에어컨 콘덴서(응축기)에 붙어 있는 이
물질 또는 먼지를 깨끗이 청소하면 냉각효율이 약 10% 높아지고 연
료도 그만큼 절약된다. 에어클리너는 주행거리 3,000㎞ 마다 청소
하고 1만 ㎞ 이상에서는 교체해야 한다.

# 차를 바꿀 수 없다면
## 내부 인테리어를 바꿔보자

아직 가시지 않은 새 차 특유의 냄새. 깨끗하고 잘 정돈된 실내. 먼지라도 묻을까 불고 털어내는 차체. 저녁 무렵에는 호주머니에라도 넣어 집으로 가져오고 싶은 사랑스런 존재가 바로 새 차다. 어느 누가 그랬던가. '새 옷을 입으면 일주일이 즐겁지만 새 차를 사면 한 달이 즐겁다'고.

그런데 시간이 지나면 새 차에 대한 애정이 점점 식어 2~3년 정도 지나면 옆 집 강아지 대하듯 한다. 점점 볼품이 없어지고 승차감은 달구지를 타는 것 같은 느낌이고 잡음은 잔소리 같이 귀찮게 들린다. 새 차 때의 감동은 어느덧 사라진지 오래고 권태기에 접어드는 것이다. 바로 이때 기분전환을 잘 해야 무사히 권태기를 빠져나와 자동차와 십년해로 할 수 있다.

기분전환을 하는 방법에는 여러 가지가 있지만 손쉽고 간단한 방법으로 부품 교환을 제안한다.


### 쇼크업소버를 바꿔준다

보통 자동차가 1년에 달리는 거리는 약 2-3만 km. 쇼크업소버의 수명도 일반도로를 달릴 경우 2-3만 km에 불과하다. 물론 쇼크업소버의 수명이 다했다고 해도 달리는 데 큰 지장은 없지만 승차감은 급격히 떨어진다. 쇼크업소버가 수명을 다했는지를 확인하려면 서스펜션의 스프링 안에 있는 댐퍼에 기름이 흘러 있는지를 확인하면 된다.


### 창문의 패킹, 도어 트림을 교환한다

조금 노후한 차들은 바깥에서 들어오는 바람소리나 삐걱거리는 잡음이 나기 마련이다. 물론 잡음은 서서히 귀에 익게 되므로 그냥 지나치기 쉽지만 민감한 운전자들에게는 짜증나는 일이기도 하다. 차가 마음에 들지 않기 시작할 때 운전석 쪽 창문의 고무 패킹이나 도어 트림을 한번 교환해 보자. 생각보다 효과가 크다.


### 앰블렘 교환으로 기분전환

엠블렘은 내 차의 문패 같은 존재. 그러나 운전자들은 의외로 그 문패에 관심이 없다. 처음에는 화려하고 단정했던 문패가 시간이 흘러가면서 먼지, 바람, 비 때문에 지저분해 진다. 이럴 때 엠블렘을 새것으로 바꾸면 분위기도 바뀐다. 방법은 간단하다. 양면테이프로 고정되어 있는 앰블렘을 떼어내고 새것을 붙이기만 하면 된다.

## 시트커버를 바꿔준다

자동차의 실내 인테리어에서 시트의 소재는 중요한 요소가 되는데 생산되는 차들의 시트는 시트커버보다 미적 감각도 뛰어나고 전체적인 실내 분위기와도 어울린다.

따라서 새 차를 구입하면 시트커버는 절대 씌우지 않는 것이 좋다. 2~3년 후 시트가 지저분해지기 시작할 때 씌우는 것이 경제적이고 차 분위기도 바꿀 수 있기 때문이다. 실내가 지저분해지고 싫증이 날 때 시트커버를 씌워주는 것이 합리적이다. 시트커버를 씌운 사람도 2~3년 쯤 후에 시트커버를 바꿔주면 기분전환이 된다. 🚗

---

**T I P　워밍업도 경제적으로 해야 한다**

추운 겨울 빼먹지 말아야 할 것이 엔진 워밍업이다. 워밍업은 얼어있던 엔진을 활성화시키는 준비운동과 같다. 그러나 워밍업도 3분을 초과하면 연료 소모가 많아져 연료 낭비로 이어지기 쉽다.

배기량 1,800cc 차량이 10분 공회전하면 8-10km를 달릴 수 있는 연료가 날아가 버린다. 아무리 추워도 워밍업은 5분을 넘기지 않는 것이 좋고 여름에는 30초 정도로 제한하는 것이 연료 낭비를 막을 수 있다.

---

# 새 차로 변신하는 부분별 청소법

한때 사치품이던 자동차가 이제는 가전제품처럼 누구나 손쉽게 구입하고 이용 가능한 것으로 변했다. 더불어 자동차 안에서 생활하는 시간이 늘어나게 되자 차내 공간을 청결하면서도 쾌적한 공간으로 꾸미려는 노력도 다양해 지고 있다.

많은 시간을 자동차 안에서 보내야 하는 운전자들을 위한 실내 공간 관리법을 소개해 본다.

### 실내 천장: 중성세제로 닦아준다

운전자의 흡연 여부는 자동차 실내 오염도에 큰 영향을 미친다. 만약 흡연 운전자라면 1년에 한 번 정도 청소해 주는 것이 좋으며 보통 운전자는 2년에 한 번 정도 하면 된다.

천장 재질이 합성수지로 된 경우는 중성세제를 따듯한 물에 풀어 걸레에 적신 후 꼼꼼하게 닦아준다. 만약 천장 재질이 방염 처리된 천이라면 크림 타입의 전용 클리너를 사용하거나 소파 전문 청소 업체에서 사용하는 세탁 기계를 사용한다.

## 차 바닥: 솔로 닦고 헹궈준다

자동차 유리와 함께 가장 쉽게 더럽혀지는 부분이 바닥이다. 따라서 수시로 오염 여부를 확인하고 자주 청소를 해야만 한다. 물 청소는 세차할 때 함께 하면 된다. 흙이나 먼지를 발견했을 때에는 먼지를 털어 낸 후 중성세제를 풀어놓은 물에 담갔던 솔로 닦고 맑은 물로 헹궈주는 것이 좋다.

## 차 문: 포켓도 말끔히 정리하자

차를 깨끗하게 손보는 사람들도 무심하게 지나치기 쉬운 부분이 차 문과 문턱 부분이다. 문틈 부분은 먼지와 이물질이 끼어 있기 쉬운 곳이지만 문의 구조상 눈에 잘 뜨이지 않아 지저분해 지기 쉽다. 특히 비온 날에는 문턱에 발자국이나 흙탕물 자국이 남아 있을 수 있으므로 확인해 보고 닦아준다. 그리고 차 문 안쪽에 달려 있는 포켓도 습관적으로 끼워놓은 잡동사니 때문에 쉽게 지저분해 지는 곳이다. 세차 주기에 맞추어 말끔히 청소해 주면 된다.

### 핸들: 청결상태를 확인하라

핸들은 운전자의 손이 가장 많이 가는 곳이기 때문에 자주 닦아주어서 청결을 유지해야 한다. 특히 차의 먼지를 털거나 엔진룸을 손본 후에는 꼭 손을 닦아 핸들이 지저분해 지는 것을 방지해야 한다. 실내 청소를 할 때 핸들 부분은 특별히 신경 써서 닦아준다. 많은 운전자들이 핸들을 닦을 때 자동차 타이어나 대시보드 등을 닦는 레자 왁스를 많이 사용하는데 이는 핸들을 미끄럽게 만들어 안전 운행에 지장을 줄 수 있으므로 삼가야 한다.

### 대시보드 및 콘솔박스: 꼼꼼하게 닦아준다

대시보드는 열린 차창으로 들어 온 바깥 먼지가 많이 앉는 부분이므로 가끔 마른걸레로 닦아준 후 레자 왁스로 광을 내도록 한다. 레자 왁스를 너무 많이 사용하면 오히려 먼지가 쉽게 낄 수 있으므로 적당 양을 골고루 뿌려 잘 문질러 주는 것이 좋다. 조수석 앞에 있는 콘솔박스는 대시보드와의 틈에 먼지가 많이 끼므로 면봉 등을 이용해 제거한다.

### 자동차 오디오: 마른 수건으로 닦아준다

이제 차 안의 필수품이 되어버린 자동차 오디오는 운전자의 손길이 자주 가는 곳이다. 때문에 주위에 지문 등 손자국으로 얼룩이 생기기 쉽다. 자동차 오디오를 닦을 때에는 물수건 사용을 피하고 부드러운 마른 수건으로 천천히 닦아준다. 카세트테이프

출입구나 CD플레이어가 지저분한 경우에는 마른 면봉으로 세심하게 닦아준다.

### 시트: 청소와 소독 빼먹지 마라

시트는 생각보다 세균이 많이 우글거리는 곳이다. 특히 아이들이 많이 타는 차는 과자 부스러기를 흘려서 진드기까지 기생하는 것으로 알려지고 있다. 따라서 항상 청결을 유지하고 1주일이나 열흘에 한 번 정도 청소와 소독을 해 주는 것이 필요하다. 방법은 먼저 진공청소기로 시트 구석까지 먼지를 빨아들인 후 거품 타입의 시트 클리너를 분사해 때를 녹인 다음 마른걸레로 닦아준다. 소독은 시중 약국에서 파는 침대 속 진드기 제거제를 활용한다.

### 유리: 김서림 방지제를 이용하자

항상 산뜻한 기분을 유지하려면 차 유리를 깨끗하게 닦아주어야 한다. 따라서 수시로 차 유리를 닦아주는 습관을 기르는 것이 좋다. 바깥 공기와의 온도차가 심한 겨울에는 유리에 김이나 성에가 자주 서리게 되므로 자주 유리를 닦게 된다. 이럴 때에는 김서림 방지제를 구입해 사용하면 편리하다.

# 알뜰 중고차 고르기, 한 페이지로 끝내라

자동차와 친해지려면 시간과 돈을 투자해야 한다. 따라서 오너 드라이버를 꿈꾸는 이들은 차를 구입할 때 정성을 들여 치밀한 작전을 세울 필요가 있다.

중고차의 경우, 새 차보다 값이 싸고 등록비용이 적게 들어 경제적 매력도 크다. 초보 운전자가 운전에 익숙해 지기 전까지 겪게 되는 무수한 문제들에 대한 부담감도 줄여준다. 따라서 주머니 사정이 넉넉치 못한 운전자는 무리하게 새 차를 사는 것보다 중고차를 구입하는 것이 합리적이다.

중고차 시장은 생산 라인에서 빠져나온 지 채 한 달도 안 된 차로부터 10년이나 된 차들까지 차종 또한 다양한 편이다. 현대, 대우, 기아, 쌍용 등 다양한 회사에서 만든 차를 하나의 점포에

서 마음대로 고를 수도 있다. 그럼 거두절미하고 중고차 고르기
실전에 들어가 보자.

## 차보기는 맑은 날을 골라서 간다

차를 고를 때는 비가 오는 날이나 저녁시간은 피하는 것이 좋다.
결혼을 위해 맞선을 볼 때 비 오는 날이나 어두운 카페, 화려한
조명이 있는 곳을 피하라는 말을 떠올려 보라. 자동차도 마찬가
지다. 어쩔 수 없이 저녁에 차를 골랐던 경우라도 계약할 때는
맑은 날 낮에 가는 것이 좋다.

도장면을 살펴보았을 때 부분적으로 색이나 질감이 다른 차
는 크든 작든 사고가 있었던 차이므로 피해야 한다.

범퍼를 살펴보았을 때 작은 흠집은 상관이 없지만 조금 큰
것은 운전자의 운전솜씨가 미숙했다는 증거이므로 앞뒤 휀더 부
분도 확실히 체크한다. 그 밖에 문짝의 귀퉁이나 열쇠구멍 주위
를 살펴, 작은 흠집들이 많으면 차주인이 차를 거칠게 탔다고 보
면 된다. 이런 차는 꼼꼼히 살펴보아야 한다.

## 중고차의 생명 엔진 살피기

중고차를 고를 때 가장 중요한 것은 엔진을 살피는 일이다. 엔진
이 깨끗하다고 다 좋은 차는 아니다. 헌 엔진도 갈고 닦으면 새
엔진처럼 보인다.

엔진을 살펴볼 때에는 우선 엔진번호와 검사증에 기재된 엔

진번호가 일치하는지를 확인한다. 엔진번호가 다르면 사고차라고 단정할 수 있다.

다음에는 카뷰레터나 인젝션 펌프의 오염도를 살펴본다. 이곳이 지저분한 차는 주로 험한 길을 달린 차다. 이런 차들은 교체된 부품이 있는지를 살펴보는 것도 중요하다.

물론 자동차 문외한에게 이같은 꼼꼼한 점검은 무리이다. 가능하다면 주변에 차를 잘 아는 사람에게 도움을 청하는 것이 좋다.


## 내부운전공간 직접 체크하라

중고차 매매의 프로들은 차를 고를 때 외관만 보지 않고 내부도 한두 번 살펴본 후에 결정한다. 운전공간은 전에 탔던 운전자의 자동차 사용습관이 그대로 남아 있는 곳이기 때문이다.

우선 시트를 체크한다. 조수석의 시트가 깨끗한 차는 주로 오너 혼자 탄 차다. 시트가 조금 더러워진 차라도 청소를 하고 시트커버를 씌우면 되므로 큰 문제는 아니다.

다음에는 핸들이나 변속레버, 각종 스위치 등 운전자의 손이 닿는 부분을 살펴본다. 핸들이 많이 닳아 있는데도 계기판의 적산거리계가 짧게 표시된 차는 적산거리계를 조작했는지 의심할 필요가 있다.

실내의 천장이 누렇게 변한 차는 운전자가 줄담배를 피며 운전한 차이므로 피하는 것이 좋다.

초보자는 한 자동차의 내장만 보고 차의 상태를 충분히 판단할 수 없으므로 가능한 한 예산이 허락하는 범위 내에서 많은 차를 살펴보는 것이 좋다.

## 리프트에 올려놓고 하체 확인하기

하체를 살펴보면 비포장 길을 많이 다닌 차인지, 운전을 험하게 한 차인지 쉽게 알 수 있다.

차체를 리프트에 올려놓고 차체의 바닥 쪽에 우그러진 부분이 있는지 확인하고 머플러에 손상된 부분은 없는지 살펴본다. 하체를 들어 올렸을 때 엔진룸에서 엔진오일이나 트랜스미션 오일이 흘러나와 있지는 않은지 확인하는 것도 좋다.

## 시동을 걸어 엔진의 상태를 파악한다

중고차 판매점를 방문했을 때 마침 마음에 드는 차가 있다면 먼저 시동을 걸어본다. 공회전 상태가 안정적인지를 확인하고 이상한 소리가 들리는지 주의를 기울여 들어본다. 그리고 엔진 위에서부터 아래까지 살펴본다. 오일이 흘러 있는지, 배선이 벗겨져 있지는 않은지 등을 확인하는 것이 중요하다. 파워 스티어링이나 냉각수도 이때 체크해 둔다.

차를 살피면서 □ 안을 체크하세요.

### 1_ 엔진룸

엔진번호와 검사증의 번호는 일치하는가? □

카뷰레터나 인젝터는 깨끗한가? □

교체된 부품은 없는가? □

엔진룸 도장색과 외부 도장색이 일치하는가? □

### 2_ 하체

머플러 부분에 손상은 없는가? □

하체를 들어올렸을 때 엔진룸 아래에 오일이 새어 있지 않는가? □

우그러진 부분은 없는가? □

### 3_ 외관

문짝, 휀더, 보닛 등의 도장색이 차체 색과 같은가? □

앞유리나 뒷유리에 흠집은 없는가? □

### 4_ 내장

시트는 탄력이 있는가? □

핸들이나 변속기, 스위치가 많이 닳아 있지는 않은가? □

적산거리계와 내장의 마모도가 비슷한가? □

운전석 천장이 누렇지는 않은가 ? □

유리창은 잘 오르고 내리는가? □

트렁크 룸은 깨끗한가? □

## 부품별 이상유무 확인하기

### 1_ 타이밍 벨트

크랭크샤프트의 운동을 캠샤프트에 전달해 주는 역할을 하는 벨트가 바로 타이밍 벨트이다. 당연히 이 벨트가 끊어지면 자동차는 바로 멈춰 정비 공장으로 직행해야 한다. 또한 벨트가 끊어지면서 밸브와 피스톤에 손상을 줘 엄청난 수리비가 들어가는 최악의 상태로 발전할 수 있다.

5만 km 이상을 주행한 중고차를 구입할 때에는 타이밍 벨트의 교환 시기를 판매점 직원이나 주변의 정비 전문가에게 확인해 볼 필요가 있다. 정비점검 기록부나 차계부 등으로 확인할 수 있으면 좋다. 예산의 여유가 있다면 보험에 드는 셈 치고 타이밍 벨트를 교환하는 것이 현명하지만 정비 상태가 나쁜 차의 경우 예상보다 많은 공임이 들 수도 있다.

### 2_ 오일의 누유

엔진에서 오일이 비치는 것을 필요 이상으로 신경 쓸 필요는 없다. 연식이 오래된 엔진의 헤드 커버에 오일이 비치는 정도는 무시해 버려도 된다.

그러나 실린더 블록이나 크랭크 케이스의 접합 부분이라면 그냥 넘어가서는 안 된다. 특히 배기 매니홀드 부근이라면 화재의 원인이 될 수도 있다. 엔진의 시동을 걸어 워밍업을 충분히 끝낸 상태에서 허용범위 이외의 엔진오일이 흐르는지를 확인하고 차를 건네받기 전에 완벽하게 수리됐는지도 점검한다.

### 3_ 라디에이터

고온 다습, 지독한 정체. 우리나라의 여름은 자동차에게 가혹한 주행 환경이다. 때문에 여름철 중고차들은 오버히트의 몸살을 앓기도 한다.

라디에이터 방열판 안쪽의 녹이나 물때 등도 확인할 필요가 있다. 엔진이 식은 상태에서 라디에이터 캡이나 보조 탱크의 캡을 열고 오염 여부를 확인한다. 만약 오염된 상태라면 차를 인도받기 전에 냉각수의 교환을 약속받는다. 이런 점검을 하면서 수온계의 동작, 서모스탯의 작동, 라디에이터 팬의 작동 등도 함께 체크한다.

### 4_ 워터 펌프

엔진 냉각수를 강제적으로 순환시키는 장치가 워터 펌프다. 예전에는 워터 펌프의 내구성이 떨어져 5-6만 ㎞ 정도 달린 차들도 워터 펌프가 고장 나는 경우가 있었지만 요즘 생산되는 차들은 그런 경우가 거의 없다.

그러나 관리가 잘 안 된 차의 경우는 워터 펌프의 기능이 상당히 떨어져 있다. 특히 정체가 심한 도심 주행은 출발과 정지가 겹쳐 냉각수 순환 계통에 무리가 오는 운행이 되므로 워터 펌프도 반드시 점검해 보아야 한다. 워터 펌프를 체크할 때에는 워터 펌프 부근부터 이상한 소리가 들리는지를 확인하고 접합 부분에 냉각수가 비치는지 등도 살펴본다.


## 5_ 엔진 마운트

엔진은 고무로 만들어진 마운트 위에 올려져서 차체와 연결된다. 마운트는 엔진의 진동이 차체로 전달되지 않도록 하는 완충제 역할을 한다.

엔진 마운트의 소재는 고무이지만 진동을 감소시키기 위해 고무 안에 액체를 주입해 놓는다. 그런데 이 액체는 고무보다 수명이 짧기 때문에 시간이 지나면 그 성능이 떨어지기 마련이다. 따라서 엔진 마운트에 무리를 주게 되는 급출발이나 급정거 등을 자주한 차들은 엔진 마운트를 교환해야 한다.

엔진 마운트도 타이어나 브레이크 패드처럼 소모품이라 생각하면 마음 편하다. 주행거리와 큰 관계는 없다. 교환이 손쉽고 부품 가격도 그리 비싸지 않으므로 상태가 좋지 않다 싶으면 바로 교환해 준다.


## 6_ 스티어링 기어 박스

랙 앤 피니언 방식 이건, 휠 너트 방식이건 모두 스티어링 계통의 기어가 맞물리는 방식이다. 따라서 자동차를 오래 타면 소모가 일어나기 마련이다.

스티어링 휠을 돌릴 때 유격이 크거나 이상한 소리가 난다면 스티어링 박스 안에 이상이 발생한 경우가 많다. 시승을 할 때 파워 스티어링액의 양과 스티어링 박스의 상태도 점검해 본다.

### 7_ 파워 스티어링 펌프

파워 스티어링은 유압을 통해 스티어링이 쉽게 작동하도록 도와주는 역할을 한다. 파워 스티어링의 동력을 전달해 주는 매체인 파워 스티어링 오일이 부족하거나 오일이 끓어오르면 성능이 떨어지는 경우가 있다.

보닛을 열어 파워 스티어링 오일 탱크를 확인할 수 있다. 오일은 엷은 갈색이 정상인데 색과 양 그리고 오일 탱크의 누유 등을 체크해 보면 된다.

### 8_ 퓨즈 박스

중고차의 경우 의외로 전기 계통의 트러블이 많이 발견된다. 퓨즈 박스는 자동차 전기 계통의 건강 상태를 확인할 수 있는 공간이다. 퓨즈가 끊어지면 전기계통에 바로 문제가 나타나기 때문이다. 이상 전류가 흐르는 경우에는 퓨즈가 끊어진 경우가 대부분이지만 경우에 따라서는 커넥터 등이 녹아내리는 경우도 있다.

중고차를 구입할 때 커넥터가 녹아 있거나 퓨즈가 끊어져 있는 것을 발견하게 되면 판매상이나 소유주에게 원인을 물어 사고가 발생할 위험이 없는지 확인해야 한다.

# 봄여름가을겨울
# 절약 운전·정비 상식

# 자동차에 생기를 불어넣는 봄단장 10계명

봄은 새로운 계절의 출발, 자동차도 새롭게 단장해 보는 것이 어떨까? 세밀한 점검과 분위기 전환은 자동차 생활에 즐거움을 더해 준다. 자동차 생활에서 봄단장은 1년을 위한 투자라 할 수 있을 것이다.

## 1. 완벽한 세차로 찌뿌드드한 겨울 날리기

겨울을 마무리하고 새봄을 맞을 때 가장 먼저 해야 할 일은 빈틈없는 세차다. 시간이 없거나 귀찮아도 봄맞이 세차는 직접 하는 것이 좋다.

햇볕이 좋은 따뜻한 날을 골라 평평하고 배수가 잘 되는 곳에 차를 세운다. 물을 차에 골고루 뿌리고 세차용 스펀지에 세제를 묻혀 차체의 각 부분을 골고루 닦아낸다. 이때 차바퀴 안쪽의 휠 하우스에 붙어 있는 진흙이나 염화칼슘은 완벽하게 닦아내도록 한다. 수압을 높인 물줄기로 차체를 헹구고 마른걸레로 마무리하면 된다.

## 2. 다시 돌아오는 겨울, 물품을 잘 보관하라

많은 운전자들이 봄이 되면 겨울이 시작될 때 준비했던 스노타이어나 체인, 용결제, 비닐주걱, 점핑 케이블 등을 대충 챙겨 창고에 박아두기 일쑤이다. 이렇게 하면 다음 겨울에 다시 쓸 수 있는 용품은 반 정도밖에 안 된다. 특히 겨울나기의 필수품인 체인은 염화칼슘에 쉽게 부식되므로 잘 보관하지 않으면 다음 겨울에는 울며 겨자 먹기로 다시 구입해야 한다. 체인은 물로 깨끗이 씻어 햇볕에 잘 말린 다음 기름을 칠하고 비닐에 싸서 보관한다. 그 밖에 용품들은 잘 정돈해서 찾기 쉽도록 상자에 담아 보관한다.

## 3. 적재적시에 스노타이어를 교체하라

스노타이어는 일반타이어보다 승차감도 떨어지고 연료 소비도 많다. 새로 개발된 발포고무를 사용한 스노타이어도 일반타이어에 비해 승차감은 떨어지지 않지만 마모율이 높아 비경제적이긴 마찬가지다. 일반도로에서 스노타이어를 그대로 달고 다니면 타이어가 금방 마모돼 정작 필요한 다음 겨울에 쓸 수 없게 되니 적기에 교환해 주어야 한다. 봄기운이 완연해 지면 스노타이어를 일반타이어로 바꿔준다. 타이어 교체가 끝나면 타이어의 공기압을 조절하고 휠 밸런스를 점검해 준다.

## 4. 봄비에 대비해 와이퍼를 점검하라

비가 자주 오게 되면 안전운전에는 당연히 방해가 된다. 봄이 되면 비 오는 날도 많아지므로 와이퍼가 제 기능을 할 수 있는지를 점검해 보아야 한다. 겨울에 와이퍼가 얼어붙어 있을 때 무리하게 작동시켜 모터를 태웠을 수도 있으니 꼼꼼히 점검해 볼 필요가 있다. 와이퍼가 전혀 움직이지 않으면 모터와 퓨즈 손상 여부를 확인해 본다. 와이퍼를 작동시켰는데 유리가 잘 닦이지 않으면 와이퍼의 고무날을 살펴보고 시원치 않으면 교체한다.

## 5. 기온상승을 생각해 냉각수를 살펴라

겨울에는 바깥 공기가 차가워 냉각수가 조금 모자라도 큰 문제가 되지는 않는다. 하지만 봄이 되면 기온이 올라가므로 냉각수가 부족하면 문제가 발생한다. 냉각수가 많이 모자라는 경우에는 '톡톡' 소리가 나거나 엔진과열까지 일어날 수 있다. 따라서 봄이 되면 냉각수의 양을 점검하고 냉각수가 새는 곳이 없는지를 살펴야 한다. 요즘은 라디에이터가 대부분 알루미늄 재질로 만들어지기 때문에 냉각수를 보충할 때 사계절용 부동액을 넣는 것도 좋다.

## 6. 겨울철 혹사당한 배터리를 살피라

겨울 동안 자동차의 전기장치는 과도한 업무량으로 혹사당하기 일쑤이다. 밤이 길기 때문에 각종 램프류의 사용시간이 길어지고 전기의 소모량도 많아진다. 배터리와 전기를 만들어내는 발전기인 알디네이터에도 무리가 온다. 일단 봄이 되어 날이 풀리면 전기장치를 점검해야 한다.

먼저 배터리액의 비중과 배터리액의 양을 살펴보고 모자라면 증류수로 보충한다. 배터리의 터미널도 깨끗하게 청소하고 그리이스나 방청유를 발라준다. 알디네이터는 팬벨트의 장력을 살펴보는 것으로 점검하는데 팬벨트를 손가락으로 눌러보아 1cm 정도 들어가면 적당하다.

## 7. 먼지 때 낀 엔진룸을 청소하라

겨울철 운전자는 움츠러들고 게을러지기 마련이다. 일상점검이 습관화 되지 않은 운전자의 경우라면 겨우내 엔진룸을 한 번도 열어보지 않는 경우도 있다. 부지런한 운전자도 가끔 열어보는 정도일 것이다.

봄이 되면 겨우내 무관심 속에서 먼지만 잔뜩 뒤집어 쓴 엔진룸을 청소해 준다. 엔진룸 청소는 먼저 먼지를 깨끗이 털어내는 것으로 시작한다. 다음 연성세제를 스펀지에 묻혀 기름때가 있는 엔진을 닦고 따뜻한 물로 헹궈낸다. 이때 전기장치에 물기가 닿지 않도록 주의해야 한다. 엔진의 물기가 어느 정도 마른

다음 시동을 걸어 엔진룸을 건조시키는 것이 청소의 마지막 순
서다.

## 8. 녹슨 브레이크를 점검하라

자동차는 달리기 위해 만들어졌지만 세우는 것도 중요하다. 봄
이 되면 운전환경이 변하게 되므로 안전을 위해 브레이크를 점
검하는 것이 좋다. 스노타이어를 떼어내고 일반타이어를 낄 때
브레이크 라이닝 패드의 마모 정도를 살펴보고 만약 많이 닳아
있으면 지체 없이 패드를 바꿔준다. 정비소를 찾게 된다면 정비
사에게 부탁해 핸드 브레이크의 케이블도 당겨 준다.

## 9. 차체를 부식시키는 산성비, 광택제로 대비하라

겨우내 차체를 부식시키는 주범은 제설제인 염화칼슘이다. 차체
의 도장면에 흠집이 있는 경우 염화칼슘이나 산성 눈비에 쉽게
상한다. 따라서 봄이 되면 깨끗이 세차를 하고 왁스나 코팅제로
광택을 내는 것이 좋다. 또 산성비로부터 차체를 보호하기 위해
보호광택제도 발라 둔다. 보호광택제는 일시적인 효과를 지닌
왁스류와 지속성이 강한 코팅제로 나눌 수 있는데 취향과 경제
성을 생각해 선택하면 된다.

## 10. 차내 환기로 마무리

봄이 되면 겨울 동안 닫고 다녔던 창문을 활짝 열어 실내의 묵은

먼지와 냄새들을 털어낸다. 밝은 색상의 시트커버로 봄 분위기를 연출하는 것도 좋다. 좋아하는 향의 방향제도 놓고 자동차 오디오에서 나오는 음악도 봄에 어울리는 것으로 바꿔준다. 방향제를 선택할 때는 화학성분이 강한 것보다 천연향을 택하는 것이 좋다. 방향제 대신 자신이 즐겨 쓰는 오데코롱 등을 뿌리는 것도 한 가지 방법이다.

## TIP 정기적인 엔진오일 교환은 기본이다

엔진오일 교환 시기는 운전자의 특성이나 차량운행조건, 차량상태 등에 영향을 받는다.

비포장도로를 빈번히 운행하거나, 장시간 공회전을 유지하거나, 교통체증이 심한 구간을 반복 운행하는 차량은 일반적으로 4,000-5,000km에서 엔진오일을 교환해 준다. 도시에서 주행하는 차량의 대부분은 이에 해당하므로 역시 같은 구간에서 엔진오일을 교환해 줘야 엔진수명이나 연비개선에 도움을 줄 수 있다.

한편 엔진오일을 넣었을 때 엔진오일 양이 최대치를 넘었을 경우 연료소모도 1-2% 늘어나게 됨으로 엔진오일이 적정량을 넘지 않도록 한다.

# 주의환기가 필요한 봄, 위험요소를 숙지하라

## 겨울 장비 철수, 한 템포 늦추자

봄에는 따뜻한 봄바람이 부는가 하면 갑자기 영하의 기온으로 떨어지기도 하고, 봄비가 촉촉이 내리는가 하면 때늦은 폭설이 쏟아지기도 한다. 예기치 않은 상황이 벌어지기 쉽다.

그러므로 3월이 되었다고 서둘러 스노타이어와 체인을 치워버리는 것은 좋지 않다. 보통 4월 초순까지는 겨울 운전 용품이나 장비를 트렁크에 담아 다니는 것이 안전운전의 요령이다. 지방도로나 산간지방의 언덕길에는 아직 눈이 녹지 않은 채 남아 있고 때때로 예기치 않은 폭설이 내리는 일이 있으니 겨울 장비 철수는 한 템포 늦추도록 한다.

## 울퉁불퉁 노면에 주의를 기울이자

봄길 운전에서 특히 주의할 것은 노면의 상태다. 해빙기를 완전히 지나면 노면은 전체적으로 좋은 상태를 유지하고 있지만 복병처럼 숨어 있는 빙판을 만나게 되면 당황해 자칫 사고를 낼 수 있다.

봄길 주행은 그 어느 때보다 조심운전이 필요하다. 겨울철 눈 오고 얼음 얼었을 때 잔뜩 겁을 먹고 운전하던 때를 떠올리며 미리 감속을 하고 천천히 주행한다.


## 아닌 밤중의 홍두깨, 낙석을 조심하자

봄에는 노면 상태를 확인하면서 운전해야 한다. 추운 겨울 눈까지 많이 내렸다면 봄에는 땅이 풀리면서 노면이 가라앉는다. 얼음이 바위 틈새를 벌려놓아 낙석을 만들어 내기로 한다. 길에 듬성듬성 구멍이 뚫린 것도 자주 볼 수 있다. 특히 비포장도로를 달릴 때에는 붕괴 위험에 신경을 쓰고 산길에서는 낙석을 조심해야 한다.


## 황사에 대비, 통풍구를 차단하라

봄에 운전자를 괴롭히는 것 중 또 하나의 복병이 바로 황사와 꽃가루다. 황사는 미세한 먼지로 공기 엘리먼트를 오염시켜 엔진 장애를 일으킬 수 있다. 또한 심한 황사는 운전자의 시야를 방해하고 차를 더럽힌다. 황사가 많은 날에는 차량 운행을 삼가도록 하고 어쩔 수 없이 운행을 해야 할 경우에는 가능한 차창을 닫고 외부 공기의 유입도 막는다.

　본격적으로 봄기운이 돌아 꽃이 피기 시작하면 꽃가루가 날아다니게 된다. 꽃가루는 알레르기 체질인 운전자에게는 재채기, 콧물을 유발시켜 운전 여건을 나쁘게 만든다. 이럴 때도 창문을 닫고 그 밖의 통풍구를 차단하는 것이 좋다

## 환기와 체조로 춘곤증을 이겨내자

봄이 되면 운전 자세가 흐트러지기 쉽다. 한껏 느긋해 진 기분으로 운전을 하는 것이 봄철 운전자의 일반적 심리이다. 이러한 느긋한 마음은 곧 방심을 낳는다. 방심 운전은 신체까지 영향을 미쳐 감각 기능, 즉 반응 능력도 떨어뜨린다. 봄에 교통사고가 많은 이유는 바로 이러한 방심에서 비롯되니 각별히 주의해야 한다.

　봄에 운전자를 가장 괴롭히는 것은 춘곤증이다. 따사로운 햇살이 차창을 통해 들어오는 오후면 참기 힘든 졸음이 몰려온다. 특히 고속도로와 같은 장거리 운전이나 체증이 심한 도심을 주행할 때 춘곤증은 더욱 심해 진다.

　춘곤증에 신선한 공기보다 더 좋은 것은 없다. 춘곤증을 막기 위해서 자주 창문을 열어 환기를 시켜준다. 그래도 참기 힘들면 차를 길가에 잠시 세우고 가벼운 체조를 한다. 껌이나 사탕도 춘곤증을 쫓는 데 도움이 될 수 있다. 그러나 여러 가지 방법을 써봐도 춘곤증을 이겨낼 수 없다면 안전한 곳에 차를 세우고 10분만이라도 눈을 붙여 춘곤증을 풀어버린다. 🚗

# 여름철 실내관리로 짜증지수를 낮춰라

**장마철 거울관리는 안전운전의 기본**

창문과 거울에 물방울이 묻어 있으면 거리 감각이 부정확해 질 뿐만 아니라 눈이 쉽게 피로해 진다. 따라서 비가 오거나 비가 그친 후에 자동차를 움직일 때는 미리 도어미러에 묻어 있는 물방울을 닦고 출발해야 한다. 이때 양쪽 유리창의 물방울도 닦고 출발하는 것이 좋다.

만약 뒤가 더러워지기 쉬운 트렁크가 없는 해치백 모델의 차일 경우에는 뒤창 와이퍼가 제대로 작동하고 있는지를 확인한다. 뒤창 와이퍼가 없는 경우에는 뒤창에 습기가 끼지 않도록 열선을 활용한다. 그래도 운전하는 데 지장이 있다면 여유를 갖고 가끔 차를 세워 닦아준다.

**적절한 에어컨 사용으로 습기를 제거한다**

비 올 때 안전운전을 방해하는 것 가운데 운전자의 신경에 가장 거슬리는 것이 차창에 끼는 습기, '김'이다. 차 안의 온도와 바깥의 온도차가 클 경우 만들어지는 김은 시야를 완전히 가려 운전에 큰 걸림돌이 된다.

김은 서리자마자 닦아 주거나 아예 서리지 못하도록 예방해 두는 것이 최선이다. 가장 좋은 것은 바깥 온도와의 차이를 줄이는 것이다. 비가 들이치지 않을 정도로 창을 열어두면 좋다. 또한 차내 외 외부 공기를 끌어들이면 습기 제거에 도움이 된다.

좀더 적극적인 방법은 에어컨을 활용하거나 차창의 안쪽을 수건에 비눗물을 묻혀 닦아주는 것이다. 서리나 김이 끼지 못하도록 하는 스프레이를 뿌려두는 것도 좋은 방법이다.

**방향제보다 냄새 제거제를 활용하라**

장마철에 피할 수 없는 것이 차내의 좋지 않은 냄새다. 냄새는 습기 때문에 발생하지만 차내의 갖가지 냄새와 섞여 악취로 변한다. 장마철이 되면 우선 차 안을 청결하게 정리한다. 차내의 먼지는 진공청소기로 제거해 곰팡이가 피지 못하도록 한다. 만약 차 안에서 냄새가 나면 방향제보다는 냄새를 제거하는 스프레이를 활용하는 것이 좋다. 방향제는 일시적으로 냄새를 가려 줄 뿐이지만 냄새 제거제는 곰팡이를 없애 냄새의 원인을 제거해 주기 때문이다.

## 터치업 페인트로 표면 손상 줄이기

자동차의 차체는 철판으로 만들어져 습기에 약하다. 따라서 장
마가 본격적으로 시작되기 전에 차체에 왁스를 발라 두는 등 예
방 조치를 해두는 것이 필요하다. 도장면이 손상돼 녹슨 부분은
터치업 페인트를 칠해 더 이상 부식이 되지 않도록 방지한다.

## 신문지 한 장으로 차내 습기 제거하기

신문지야말로 쾌적한 장마철 운전을 위한 필수품이다. 비 올 때
차 안으로 습기를 몰고 들어오는 역할을 하는 것은 신발이다. 이
렇게 신발에 묻어 들어오는 습기를 막기 위해 바닥에 신문지를
깔아 두면 차 안에 습기를 줄일 수 있다.

　　장마철에 멈췄던 비가 갑자기 내릴 때 우산이 없으면 곤혹스
럽다. 이때를 대비해 우산은 트렁크에 두지 말고 운전석 바로 아
래 둔다. 물론 휴대가 간편한 접이식 우산이 좋다.

> **TIP 소모성 부품의 교환주기를 숙지하라**
>
> 오일 및 오일필터를 정기적으로 교환하면 최대 15%까지 연료를 절
> 감할 수 있다. 오일 온도는 약간 높게 하는 것이 좋다. 온도가 낮아지
> 게 되면 구동축 및 오일의 점도가 증가하게 되어 약 10-20% 정도
> 연비가 나빠된다.
> 소모성 부품들은 교환주기가 되어 교환할 때는 반드시 순정부품으로
> 교환하시는 것이 좋다. 차량에 맞는 부품을 장착하는 것은 연비를 향
> 상 시키는 것뿐만 아니라 안전운행에도 도움이 된다.

# 여름에 자주 일어나는 고장 긴급대처법

**1. 엔진 과열 시: 보닛을 열 때 엔진을 켜둬라**

엔진이 과열되면 계기판의 수온계 바늘이 적색 지역으로 올라간다. 엔진에서 이상 폭발이 발생하면서 금속성의 똑똑 거리는 소리가 들리기도 한다. 이런 현상이 일어나면 차를 길가에 바짝 붙여 세우고 비상등을 켠 다음 보닛을 연다. 이때는 반드시 시동을 켜둬야 한다. 팬이 작동하는 상태에서 보닛을 열어 열을 식히는 것이다. 물론 이때는 열을 발생시키는 에어컨 작동은 멈춰야 한다.

만약 엔진 과열의 원인이 냉각수의 부족이라고 판단되면 엔진이 식을 때까지 기다린 후 라디에이터 뚜껑을 연다. 뚜껑을 여는 데는 서두르지 않는 것이 좋다. 젖은 수건으로 라디에이터를

과열현상인 오버히트가 발생하면 엔진을 켜고 보닛을 열어 열을 식힌다.

감싸 뚜껑을 열고 천천히 냉각수를 점검한다. 냉각수를 채울 때는 조금씩 살피면서 물을 붓는다. 호스로 많은 물을 넣을 수 있다면 엔진을 돌리면서 넣어도 된다.

## 2. 냉각수가 샐 때: 밥알이나 비누를 이용하자

보닛을 열었을 때 라디에이터의 호스에서 김이 올라온다면 어딘가 터진 곳이 있다는 증거이다. 이 경우에는 엔진을 끄고 식힌 뒤 터진 곳을 찾는다. 터진 곳이 발견되면 마른 수건으로 닦은 다음 비닐 테이프로 감고 그 위를 고무 테이프로 다시 감으면 된다.

도로사정이 나쁠 때는 작은 돌이 튀어 라디에이터의 방열 핀에 구멍을 만드는 일도 있다. 새는 곳을 무거운 공구로 두들기면 막히는 경우도 있다. 계속해서 물이 새면 밥알이나 비누를 으깨어 발라 응급조치를 한다. 그러나 이러한 조치들은 임시방편에 불과하므로 서둘러 인근의 정비공장을 찾는 것이 좋다.

### 3. 팬벨트가 끊어졌을 때: 스페어 벨트를 준비한다

운전 중에 충전경고등에 불이 들어오고 수온계의 바늘이 올라가면 팬벨트가 늘어나 있거나 끊어진 상태이다. 이 경우에는 차를 세우고 늘어진 벨트를 팽팽하게 조이거나 여분의 벨트로 바꿔주면 된다. 그러나 에어컨이 있는 차들은 팬벨트를 바꿔 끼우기가 쉽지 않다. 혼자서 갈아 끼울 수 있을지 가늠해 보고 불가능 한 경우에는 에어컨용 벨트를 끊어버리고 팬벨트를 끼우는 수밖에 없다.

### 4. 브레이크가 말을 듣지 않을 때: 엔진 브레이크로 승부한다

브레이크가 말을 듣지 않으면 안전장치 없이 사고 위험에 노출되는 큰 낭패를 경험하게 된다. 이때는 당황하지 말고 우선 차를 세울 수 있는 방법을 찾아야 한다.

우선 엔진 브레이크를 사용한다. 수동변속차는 3단, 2단으로 기어를 변속하고 나중에 핸드 브레이크를 사용한다.

자동변속차는 엔진 브레이크를 쓸 경우 D레인지로 달리다 사고가 나면 2단, 1단으로 줄여 나간다. 역시 마지막에는 핸드 브레이크를 쓴다.

## 5. 시동이 걸리지 않을 때 ①: 액셀러레이터를 10초 이상 밟아라

차를 햇볕이 내리쬐는 더운 장소에 장시간 세워두었다가 시동을 걸었을 때 시동이 걸리지 않는 현상을 퍼코레이션이라고 한다. 달리던 도중 갑자기 시동이 꺼지는 현상도 퍼코레이션이다. 이 때는 기화기 내부에 있는 휘발유가 끓어 많은 양의 연료가 실린 더 안으로 들어가 시동이 걸리지 않는 것이다. 이런 경우에는 우선 기화기 주위를 찬물로 식혀주고 액셀러레이터를 바닥끝까지 밟은 채 시동키를 10초 이상 여러 번 돌린다. 보통은 검은 연기와 함께 시동이 걸린다.

## 6. 시동이 걸리지 않을 때 ②: 오래된 차에는 찬물을 부어라

연료가 기화기에 채 닿기 전에 기화해 버려 연료가 기화기까지 오지 못하는 현상을 베이퍼 록이라고 한다. 베이퍼 록 현상은 퍼코레이션과 증상은 비슷하나 원인은 다르다.

최근 판매되고 있는 차들은 대부분 기화기 방식보다는 연료 직접 분사 방식을 택하고 있으므로 베이퍼 록 현상이 거의 없지만 아직 기화기 방식을 택하고 있는 차들에서 이런 현상이 나타난다. 치료법은 기화기, 연료펌프, 연료 파이프에 찬물을 부어 식혀주고 정상적인 방법으로 시동을 걸면 된다.

## 7. 배터리가 방전되었을 때: 점프 케이블을 찾아라

배터리가 방전되면 시동이 걸리지 않는다. 배터리에서 동력을 얻는 스타트 모터를 돌릴 수 없기 때문이다. 이때는 점프 케이블로 다른 차의 배터리와 연결하여 시동을 걸고 충분히 충전하면 된다.

그러나 점프 케이블이 없을 때는 밀어서 시동을 걸어야 한다. 밀어서 시동을 걸 때는 시동키를 충전경고등, 오일경고등이 켜지는 위치에 놓고 기어를 2단에 놓은 다음 클러치 페달을 밟으면 된다. 뒤에서 두세 사람이 밀어 차가 충분히 탄력을 받았을 때 밟았던 클러치에서 빨리 발을 떼면 시동이 걸린다. 이런 방법은 수동변속차에만 적용된다. 자동변속차는 밀어서 시동을 걸 수 없는 구조이므로 지나가는 차에서 점프선을 빌려 시동을 걸거나 가까운 정비업소를 찾아 도움을 구하는 것이 좋다.

---

**TIP  과속은 금물인 거 아시죠?**

자동차 성능시험 연구소의 조사에 따르면 연료가 적게 드는 속도는 소형차는 60km/h, 중형차는 시속 60-80km/h로 나타났다. 또 시속 100km/h가 넘으면 연비가 급격히 떨어져 연료 소모가 높은 것으로 조사됐다.

한편 고속주행시 창문을 열면 공기저항이 커져서 연료가 더 든다고 한다. 80km/h 정속주행시 공기저항은 차량의 전면 면적에 비례하여 10-15% 정도의 연료를 더 소모시킨다고 한다.

# 여름휴가 떠나기 전 체크포인트 6

여름에는 높은 기온 때문에 엔진에 쉽게 무리가 올 수 있으므로 미리 엔진룸을 철저하게 정비해야 한다. 승차인원이 많은 가족 단위로 드라이브를 떠나는 경우 에어컨까지 켜고 달리다보면 엔진은 혹사당하기 십상이다. 따라서 여행 전 엔진룸 점검은 필수사항이다.

## 1. 엔진 과열을 생각해 냉각수를 보충한다

여름 운전에서 정비가 불량할 때 흔히 겪는 트러블은 오버히트이다. 오버히트는 냉각계통의 기능이 떨어져 엔진이 과열되면 나타나는 현상으로 잘 달리던 차의 엔진이 갑자기 꺼지는 증상으로 나타난다.

오버히트가 한 번 일어나면 엔진에 큰 무리가 오기 때문에 예방이 최선이다. 일단 냉각수를 점검해 양이 적당한지를 살핀다. 확인하는 방법은 시동을 걸어 엔진이 온도가 정상온도에 이를 때까지 공회전을 시킨 후 보조탱크에 있는 냉각수의 양이 최대(MAX)와 최소(MIN)의 중간 정도에 있는지 확인한다. 중간 위치가 적정선이다.

## 2. 팬벨트의 장력을 조절하라

팬벨트의 장력이 떨어져 워터 펌프가 제대로 돌지 않을 경우, 냉각수의 순환이 좋지 않아 냉각수의 온도가 급격히 올라간다. 팬벨트는 장력을 일정하게 유지하는 것이 관건이다.

벨트는 평면을 이루고 있는 부분의 중간을 눌렀을 때 깊이 눌러지면 위험하다. 수평면에서 1cm가 넘게 눌러진다면 다시 조여야 한다. 스스로 할 자신이 없으면 정비사에게 부탁한다. 또한 벨트가 너무 낡았거나 외관에 손상된 부분이 눈에 띄면 반드시 교체해야 한다. 새 벨트로 갈아 끼웠을 경우도 500km에서 1,500km까지는 벨트가 늘어나므로 중간에 한 번쯤 장력을 조절해 주어야 미끄러짐을 방지할 수 있다.

## 3. 여름 휴가 전 미련 없이 엔진오일을 교환하라

엔진오일은 초여름 엔진점검에서 빼놓을 수 없는 부분이다. 엔진오일은 엔진의 성능과 가장 밀접한 연관이 있으므로 오일을

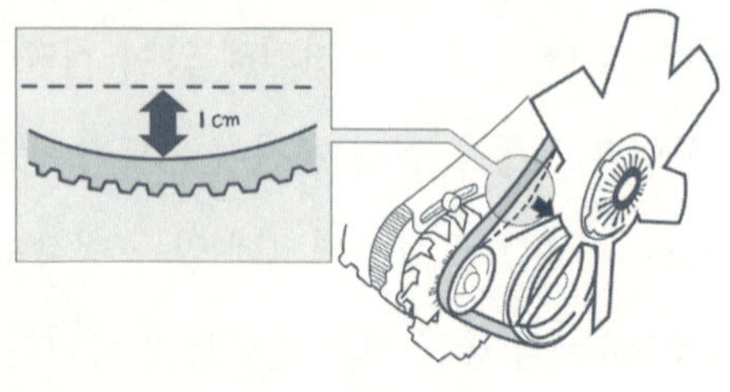

팬벨트는 엔진을 멈추고 벨트를 눌렀을 때 약 1cm 정도 들어가는 장력이 적당하다.

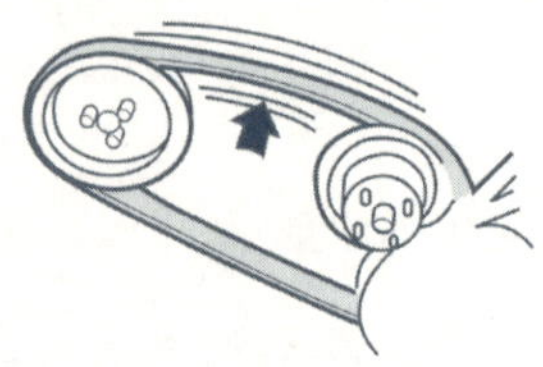

엔진 시동 중 벨트가 흔들리면 벨트의 장력이 부족한 상황이다. 팬벨트가 1cm 이상 눌러진다면 조여주어야 한다.

교환한 지 오래된 차들은 여름 휴가를 떠나기 전에 미련 없이 바꿔주는 것이 안전하다. 오일필터도 오일교환을 할 때 함께 바꿔줘야 한다. 바꾼 지 얼마 안 되었다면 양을 한 번쯤 체크해 두자. 오일 양을 체크하는 방법은 다음과 같다.

1_ 차를 평탄한 곳에 주차시킨다.

2_ 엔진 시동을 끄고 최소한 5분 이상 정차한다.

3_ 오일 레벨 게이지를 뽑아 깨끗이 닦는다.

4_ 게이지를 끝까지 꽂았다가 다시 뽑아 오일 양을 점검한다.

## 4. 배터리액을 보충하라

엔진의 시동과 각종 전기장치에 전기를 공급해 주는 배터리는 전자식 부품을 많이 사용하므로 중요한 정비 포인트다. 배터리의 정비 포인트는 배터리액과 터미널. 터미널은 케이블과 배터리를 연결하는 부분이다.

배터리액은 양을 확인할 수 있는 수준점을 점검하고 모자라는 경우에는 증류수로 보충해 준다. 이때 증류수를 많이 넣어 배터리액이 넘치면 엔진룸의 바닥이 부식되므로 넘치지 않도록 주의한다.

## 5. 브레이크액을 체크한다

브레이크 라이닝의 패드가 닳을 경우 브레이크액의 수준이 내려간다. 점검을 하여 만약 수준이 내려가 있으면 라이닝을 점검해 보고 이상이 없으면 브레이크액을 보충해 준다.

브레이크액은 습기를 빨아들이는 성질이 있어 용기의 뚜껑을 자주 열어서는 안 된다. 브레이크액에 수분이 섞이면 제동력이 떨어진다.

## 6. 빗길 필수품을 점검한다

와이퍼는 빗길 운전에서 빼놓고 생각할 수 없는 것이다. 워셔액을 뿌리며 동작시켜 깨끗이 닦이는지를 살펴보고 물기가 많이 남으면 와이퍼를 바꿔준다.

여행을 떠나기 전에는 이 외에도 계기판과 각종 계기들의 작동 상태를 확인해 두어야 하며 전조등이나 방향지시등, 비상경고등이 제대로 작동되는지도 확인해 봐야 한다.

또한 각종 등에 필요한 예비 전구를 미리 준비해 두면 급할 때 큰 도움이 된다. 만약 이런 사전 정비를 제대로 확인하지 않으면 초행길에서 낭패를 볼 수 있으니 여행준비 항목에서 차량 정비도 빼먹지 말자.

**T I P  저단기어보다 고단기어에서 더 오래 달린다**

동일한 연료를 사용할 때 기어를 1단으로 놓고 이동할 수 있는 거리와 5단으로 놓고 이동할 수 있는 거리는 엄청난 차이가 있다. 따라서 같은 차종이라도 정체구간을 주행하듯 저단으로 운행하는 차량과 고속도로나 고속화도로를 달리듯 고단으로 주행하는 차량은 연비면에서 많은 차이를 보인다.

따라서 도로 상황에 맞추되 가능한 고단기어를 사용해 주행하는 것이 연료 절약에 도움이 된다. 고단기어로 주행이 가능한 속도에서 저단기어로 주행하면 엔진의 부하가 커져 연료소비량이 증가하므로 주의해야 한다.

# 한여름 더위는 차도 지치게 한다

자동차로 휴가를 떠나게 되면 반드시 염두에 두어야 할 몇 가지 사항이 있다. 자동차 여행시 지켜야 할 안전수칙을 말하는데, 아래 소개하는 몇 가지를 숙지하고 사고 없는 즐거운 여름휴가를 즐기도록 하자.

## 오전 11시부터 오후 3시는 자동차도 쉬는 시간이다

자동차도 더위를 탄다. 한낮에는 되도록 핸들을 잡지 않는 것이 바람직하다. 더위 때문에 운전자의 컨디션이 악화된 상태임은 물론, 자동차도 무리한 주행이 되기 쉽다. 에어컨을 사용한다고 해도 실내와 바깥의 기온 차이가 심해 건강을 해치는 원인이 되며, 장시간 에어컨을 켜 놓은 채 운행하면 엔진에도 무리를 주게 된다. 태양 광선이 직접 앞차의 유리창에 내리쬐어 눈의 피로를 가중시켜 위험 상황을 초래할 수 있다.

이동은 되도록 아침과 저녁 시간을 이용하고 오전 11시부터 오후 3시까지는 더위와 함께 햇살이 가장 강렬할 때이므로 가능한 운전을 피하는 것이 현명하다.


## 시동을 걸고 5분 후 에어컨을 켠다

여름철 여행길에서 에어컨은 대단히 긴요한 장치이지만 그 사용 방법을 제대로 알지 못할 때는 여러 가지 문제를 야기한다.

에어컨을 장시간 사용하면 실내의 공기가 건조해져 눈의 피로가 가중되고, 호흡기 장애나 두통을 유발할 수 있다. 사람에 따라서는 알레르기 피부 질환의 원인이 되기도 한다. 그러므로 에어컨을 사용할 때는 반드시 환기에 신경을 써야 한다.

에어컨은 엔진의 힘에 의해 작동되므로 시동을 건 다음 곧바로 에어컨을 작동시키는 것은 엔진에 무리를 준다. 시동을 건 후 5분 정도 경과한 뒤 엔진의 상태가 최적화 되었을 때 작동시키는 것이 좋다. 에어컨을 멈출 때는 선택 레버를 조작하기 전에 에어컨 스위치를 먼저 끈다.

에어컨을 사용하게 되면 엔진 출력이 평소보다 10-15% 정도 더 소모된다는 점을 염두에 두고 주행해야 한다. 또한 엔진의 출력이 많은 주행을 할 때는 에어컨을 정지시키는 것이 좋다. 낡은 차의 경우 오르막길을 오를 때 에어컨을 켠 채로 주행하면 엔진에 무리가 발생해 시동이 꺼지는 일도 있으니 주의해야 한다. 교통체증이 심한 곳에서 장시간 정차하게 될 때도 에어컨을 끄는 것이 현명하다.

**드라이버의 필수품 선글라스를 챙기자**

강렬한 햇빛을 받으며 운전을 할 때 선글라스는 더없이 훌륭한 운전 보조 도구가 된다.

선글라스를 선택할 때는 황색 계통이 좋다. 황색 선글라스는 빛이 산란되는 것을 막아주어 눈의 피로를 덜어주고, 외부의 상황을 읽고 판단하는 데 다른 색에 비해 방해를 덜 받는다. 선글라스의 선택이 잘못되었을 때는 신호등의 구분과 표지판을 읽을 때 지장을 주는 등 오히려 마이너스 효과를 가져오므로 주의가 필요하다.

한낮이라도 터널이나 지하도 등에 들어설 때는 갑자기 시력이 저하되어 사고를 일으킬 수 있기 때문에 선글라스를 쓰지 않는 것이 좋다.

**모래밭에 빠졌을 때는 물을 부어라**

여름철 휴가 여행의 목적지는 대부분 바닷가이다. 따라서 자동차가 모래밭에 빠지는 일도 많다. 모래밭에 주차할 때에는 이상이 없지만 출발만 하려고 하면 바퀴가 모래에서 빠져나오지 못한다. 이럴 때는 모래를 적셔 주면 쉽게 빠져나올 수 있다. 빠진

바퀴 쪽에 물을 부어 모래를 단단하게 한 후 빠져나오는 것이다.

또 비가 많이 내릴 때는 자동차가 수렁에 빠지는 일도 종종 있다. 이때는 잭으로 차체를 올리고 바퀴 밑을 돌이나 흙으로 괸 뒤 빠져나오면 된다. 진흙에서 미끄러졌을 때는 가마니나 야외용 돗자리를 바퀴 밑에 깔면 좋다.

이러한 모든 응급 조치법이 통하지 않을 때는 최종적으로 바퀴의 바람을 뺀다. 타이어가 바닥에 닿는 접지면을 넓혀 몇 바퀴만 굴리면 빠져나올 수 있다.

## 자동차 피로를 풀어주는 세차

여독을 풀기 위해서 목욕을 하듯이, 장거리 운행에 따른 자동차의 피로를 풀어주기 위해서는 세차를 해야 한다. 바닷가를 주행한 차에는 눈에 보이지 않는 소금기가 차체에 남아 있게 마련이다. 이런 상태로 방치하면 차체가 쉽게 부식되고 고무 패킹 등이 마모된다. 따라서 구석구석까지 꼼꼼히 닦아내 소금기를 제거해주어야 한다.

또 비포장도로 운행시 생긴 작은 상처들도 차체를 녹슬게 만드는 요인이 되므로 상처를 잘 닦고 페인트칠을 해두어야 한다.

타이어는 안쪽 휠에 묻은 진흙과 소금기 등을 세밀하게 제거하고 홈에 박혀 있는 자갈이나 모래들을 빼내야 안전하다. 더위와 장거리 운행으로 오일 등이 새거나 증발했을 수도 있으므로 점검 후 조치한다. 🚗

# 아이들을 배려하는 운전상식

**멀미하는 아이를 위해 환기에 신경을 쓰자**

차멀미의 주된 원인은 빈혈이라고 한다. 멀미는 현기증을 유발시키고 구토도 동반한다. 아이들과 함께하는 드라이브라면 차멀미에 대한 대책을 미리 세워야 한다.

차멀미를 하는 아이들이 있으면 미리 약국에서 약을 사서 먹이거나 붙여준다. 그러나 차멀미도 일종의 습관이므로 약을 먹는 기회나 양을 차차 줄이면서 극복할 수 있도록 훈련시키는 것이 좋다. 여행시 차멀미를 심하게 하는 아이가 있으면 실내 환기에도 신경을 써야 한다.

## 소란스런 아이, 승차 위치를 바꿔주어라

아이들이 차 안에서 싸움을 벌이는 경우가 종종 있다. 아이들이 싸우는 이유는 자리나 먹을 것에 대한 싸움, 좁은 공간에서 오래 있었기 때문에 생기는 스트레스 때문이다. 차 안에서 아이들이 소리 높여 다투거나 울음을 터뜨리면 차 안이 소란해 지고 자연히 운전하는 사람의 신경이 날카로워 안전운전에 방해가 된다.

이럴 때에는 승차 위치를 바꿔주도록 한다. 장시간 차내에 머물렀다면 차를 멈추고 휴식을 갖는 것도 좋다. 심하게 떠들고 싸우던 아이도 달리던 차가 멈추고 휴식을 취하면 금방 멈춘다.

## 아이들만 차에 남겨두지 말라

드라이브를 떠나 휴게소 등지에 도착했을 때 아이들만 남아 있을 경우에는 각별한 주의가 필요하다. 아이들은 자동차 운전에 호기심이 많기 때문에 안전사고를 일으키는 경우가 많다.

아이들만 차 안에 남겨 둘 때는 자동차 열쇠는 뽑아서 보관한다. 만일 아이가 시동이라도 걸게 되면 차가 튀어나가는 위험한 상황이 발생할 수 있기 때문이다. 또 차가 비탈길에 있을 때 기어를 중립에 놓으면 차가 미끄러져 내려가 사고를 일으킬 수도 있으니 반드시 열쇠를 챙겨 두도록 한다.

## 아이가 뒷자석에 탔을 때는 반드시 도어록을 한다

아이들은 호기심이 많은 편이므로 이것저것 만지다가 차 문을
여는 레버를 당길 수 있다. 달리던 중 이런 일이 일어난다면 큰
사고로 이어질 위험도 있다.

최근에 나오는 차들은 아이들을 보호하기 위한 도어록 장치
가 별도로 준비되어 있는 경우가 많으므로 이를 활용한다. 그러
나 4도어 세단형 차에는 꼭지식 잠금장치가 있으므로 반드시 이
꼭지를 눌러 주어야 한다.


## 탈 때는 아이 먼저, 내릴 때는 어른 먼저

가족끼리 드라이브를 떠날 경우 신경을 써야 하는 것 가운데 하
나가 타고 내리는 순서이다. 차에 누가 먼저 타고 내려도 상관이
없지 않느냐고 반문할지도 모르지만 승하차에도 순서가 있다.

가족 나들이에서 승하차 매너가 필요한 것은 안전문제 때문
이다. 차가 서기 무섭게 문을 열고 뛰어내리는 아이들은 귀엽고
활기차 보이지만 지나던 행인이나 자전거, 또는 물체와 부딪칠
위험이 있다. 또 지나가는 다른 차와 부딪칠 위험도 있다. 따라
서 가족 드라이브 때는 '아이들을 먼저 태우고, 어른들이 먼저
내린다' 는 원칙을 세워야 한다.

차에서 내릴 때 문을 열기 전 차체 옆과 앞뒤를 확인하는 습
관도 잊지 말아야 한다. 🚗

# 빗길, 빙판길과 다를 바 없다

흔히 빗길 운전을 겨울철 빙판길보다 가볍게 여기곤 하지만 차가 노면에서 떠서 달리는 수막현상이 발생하면 빙판길 같이 미끄러워져서 위험하다. 또한 계속 내리는 비로 운전상황 감지가 어려우므로 더욱 주의가 필요하다.

## 1. 비 오는 날 위험 3배

비가 오면 운전자가 전후좌우 차량과 도로의 주행 상태를 살피는 시계가 나빠진다. 또한 타이어와 지면의 마찰력도 급격히 떨어진다. 따라서 비 오는 날은 평소보다 3배쯤 위험하다고 보면 된다.

만약 빗길을 달리다 급브레이크를 밟게 되면 타이어의 회전은 멈추지만 노면과의 마찰력이 줄어서 차가 그대로 미끄러지게 된다. 따라서 비 오는 날에는 과속을 피하고 급브레이크를 밟지 않는 방어운전 자세가 필요하다.

## 2. 빗길, 20% 감속으로 안전운전

비 오는 날 안전운전에는 감속운전이 최선이다. 아무리 운전 조건이 좋지 못하다고 해도 천천히 다니면 큰 사고는 막을 수 있기 때문이다.

보통 호우가 아니면 20% 정도 감속한다. 일반 4차선 도로의 제한속도는 60km/h 정도이므로 48km/h 정도로 달리면 된다. 그러나 고속도로나 자동차 전용도로에서는 30~50% 정도 감속하고 추월차선이 아닌 주행차선으로 달리는 것이 안전하다. 이때 차폭등과 스몰 램프를 켜고 달리면 앞서가는 차나 뒤따르는 차가 쉽게 알아볼 수 있어 안전운행에 도움이 된다.

## 3. 핸들은 두 손으로 조심스럽게

비 오는 날 운전을 할 때 핸들을 급히 꺾는 급핸들 조작은 매우 위험하다. 비 오는 날 사고는 과속→급브레이크→급핸들 조작→미끄러짐→충돌 순으로 일어난다. 따라서 앞서 말했듯 속도를 줄이는 것이 안전운전의 최선이다.

또한 비 오는 날은 지면에서 타이어의 접지력이 떨어져 핸들이 가벼워진다. 가벼워진 핸들을 조작하기 위해 평소보다 핸들을 많이 꺾는 경향이 있으므로 주의해야 한다.

특히 고속주행시 배수가 잘 되지 않는 길에 만들어진 물웅덩이를 지날 때는 물의 저항 때문에 핸들을 조작하지 못할 수 있으므로 핸들을 두 손으로 꼭 쥐고 저속으로 운전해야 한다.


## 4. 큰 차와의 안전거리 확보는 필수

추월차선으로 들어와 비상경고등을 번쩍거리는 트럭이나 버스에 놀란 경험은 한두 번쯤 있을 것이다.

트럭과 같은 대형차는 운전석이 높아 비가 온다고 해도 앞서 가는 차가 일으키는 물보라의 영향을 받지 않으므로 평상시 속력으로 달린다. 따라서 트럭의 뒤를 아무 생각 없이 따라가다 보면 위험에 노출되기 쉽다.

또한 트럭이나 대형 버스의 브레이크 성능은 승용차보다 좋으므로 트럭을 바짝 뒤따르다 급정거를 하게 되면 추돌사고를 일으킬 수밖에 없다. 비 오는 날 트럭이나 버스 등 덩치 큰 차를 따라가게 될 경우에는 평상시보다 안전거리를 훨씬 길게 확보해야 한다.


## 5. 장거리 운전엔 적절한 휴식을

습기가 많으면 쉽게 피로를 느끼게 되고 집중력도 많이 떨어진다. 어쩔 수 없이 비오는 날 장거리 운전을 하게 됐다면 자주 쉬면서 가는 것이 좋다. 특히 고속도로를 달릴 경우에는 단조로운 도로 환경과 긴장감 때문에 자신도 모르는 사이에 쉽게 피로해

지므로 자주 휴게소에 들르도록 한다. 맑은 날 '두 시간 운전에 한 번 휴식' 습관을 지닌 운전자의 경우라면 한 시간에 한 번꼴로 쉬어 가는 것이 좋다.



1. 대기기온도: 25℃ → −7℃로 저하되면 평균 5.3%, 최대 13%까지 연비가 저하될 수 있음

2. 아이들링/웜업: 겨울철 공전회를 많이 하거나 웜업 여부에 따라 최대 20%까지 연비가 저하될 수 있음

3. 맞바람: 풍속 0km/h → 32km/h 증가되면 평균 2.3%, 최대 6%까지 연비저하 가능

4. 언덕길 주행: 0% 경사 → 7% 경사로 증가되면 평균 1.9%, 최대 25%까지 연비저하 가능

5. 도로조건: 자갈길, 커브길, 진창길, 눈길 주행시 평균 4.3%, 최대 50%까지 연비저하 가능

6. 교통체증: 평균 43km/h → 32km/h 이하로 떨어질 때 평균 10.6%, 최대 15%까지 연비저하 가능

7. 고속도로 주행: 평균 88km/h → 113km/h 이상 고속주행시 최대 25% 이상 연비저하 가능

8. 가속: 완만한 가속 → 급가속을 자주할 때 평균 11.8%, 최대 20%까지 연비저하 가능

9. 휠 얼라이먼트: 0.5인치 이상 맞지 않을 경우 평균 1%, 최대 10%까지 연비저하 가능

10. 가짜 휘발유: 검증되지 않은 가짜 휘발유나 첨가제를 사용하면 엔진 상태도 나빠지고 연비도 악화시킴

# 겨울 운전 만반의 준비 체크포인트 7

## 1. 배터리액을 체크해 보충한다

날씨가 추워지기 시작하면 배터리는 자연 방전이 된다. 겨울에
는 오래 사용한 배터리일수록 배터리액을 체크하고 보충해 주는
것이 필요하다. 보충액은 약국에서 파는 증류수가 적당하며, 손
을 본 후에도 성능이 좋아지지 않으면 과감하게 바꿔주는 것이
안전운전을 위해 좋다.

## 2. 냉각수를 부동액으로 교체한다

냉각수가 얼어붙으면 엔진은 꼼짝할 수 없게 된다. 더 나아가 얼
어붙은 냉각수가 팽창하면 엔진블럭을 깨뜨려 엄청난 피해를 가
져올 수 있다. 따라서 기온이 내려가면 냉각수를 빼고 부동액과

물을 50대 50으로 섞어 넣는 일부터 해야 한다. 부동액을 넣는 방법은 냉각수를 모두 빼고 4ℓ 용기의 부동액을 모두 넣는다. 그리고 부동액이 담겨 있던 용기에 물을 받아 4ℓ를 채워 부동액처럼 넣어주면 된다. 반드시 지켜야 할 것은 부동액 4ℓ를 전부 넣는 것이다.

### 3. 겨울용 엔진오일로 교환한다

기온이 낮아지면 엔진오일은 민감한 반응을 보인다. 엔진오일의 점도가 높으면 시동성이 떨어지고 연료 소모가 많아지며, 엔진에 무리가 온다. 근래에는 계절을 구분하지 않는 올 시즌 타입의 엔진오일을 많이 쓰지만 겨울에는 겨울용 엔진오일을 쓰는 쪽이 유리하다. 엔진오일의 교환주기를 정확히 지키는 운전자라면 아직 교환시기가 되지 않은 엔진 오일을 서둘러 바꿀 필요는 없다.

### 4. 기어오일을 빼먹지 말자

겨울준비 가운데 잊고 지나가기 쉬운 것이 기어오일이다. 기어오일은 트랜스미션 오일과 디퍼런셜 기어오일을 알컫는데 두 오일 모두 점도가 낮은 겨울용이 있다. 아직 교환주기가 안됐을 경우에는 점검만 하고 모자라면 보충한다. 기어오일은 모자라면 보충하는 정도로 충분하다.

## 5. 스노타이어, 굴림바퀴만 교체한다

많은 차들이 4계절용 타이어를 끼고 있지만 0.5mm 이상의 눈이
오면 별 소용이 없다. 따라서 산간지방으로 장거리 드라이브를
떠나는 경우에는 눈길이나 빙판길에 대비해 미리 스노타이어를
끼고 떠나는 것이 좋다. 앞바퀴굴림차는 앞바퀴만, 뒷바퀴굴림
차는 뒷바퀴만 껴도 된다.


## 6. 빙판길 해결사 스노체인을 준비한다

눈길이나 빙판길에서 위력을 발휘하는 것이 스노체인이다. 스노
타이어를 장착해도 눈이 많이 쌓인 길이나 경사진 빙판에서는
별 소용이 없다. 이때 가장 큰 도움을 주는 것이 바로 스노체인
이다. 시중에 쉽게 끼울 수 있는 우레탄이나 강철 와이어 재질의
체인이 많이 나와 있다.


## 7. 자잘한 월동장비도 잊지 말자

차의 열쇠구멍이나 차창에 얼음이 얼어 있을 때 쓰이는 용결제
인 디아이서(deicer)와 얼음을 긁어내는 플라스틱 주걱을 챙겨
두면 유용하다. 차체의 눈을 쓸어낼 때 도장면에 손상이 없도록
하기 위해 비닐 빗자루를 준비하고 차창 안쪽에 김이 서리지 않
도록 분사제도 준비한다.

# 앞유리 살얼음 제거에 신용카드를 활용하라

## 1. 얼음 억지로 떼다 도장 상한다

며칠 동안 차를 세워두면 차체에 얼음이 그대로 달라붙어 있는 경우가 있다. 혹은 기온이 매우 낮은 가운데 눈이 많이 내린 지방도를 달리다보면 바닥에서 튀어 올라온 눈들이 아래쪽에 달라붙어 고드름처럼 매달려 있는 것을 발견하기도 한다.

이럴 때는 보기에 좋지 않더라도 그대로 두는 것이 가장 좋은 방법이다. 성격이 깔끔해 두고 보지 못하는 운전자들은 무리해서 얼음을 떼어내려 하지만 기온이 떨어져 있는 상태에서 딱딱한 것으로 긁다 보면 도장면에 흠집이 가기 십상이다.

더운물을 끼얹어 빨리 얼음을 녹이려고 하기도 하는데 이 방법 역시 일시적인 방편일 뿐이다. 녹은 물이 다시 얼어붙어 헛고

생이 되고 만다. 애써서 얼음을 떼어내지 않더라도 차를 움직이다 보면 얼음은 저절로 녹기 마련이므로 그냥 두는 것이 좋다. 계속 주차해 두어야 하는 상황이라면 차를 볕이 잘 드는 곳에 세워두기만 해도 얼음은 자연스럽게 녹는다.

## 2. 신용카드로 유리창 얼음을 제거하라

유리창에 붙어 있는 얼음이나 눈, 성에는 시야를 가리므로 아무리 급한 일이 있더라도 제거하고 출발해야 한다.

어떤 운전자는 유리창의 얼음을 털어내기 위해 손바닥으로 유리를 세게 두드리기도 하는데 차창을 세게 두드리면 문과 차체를 두르고 있는 고무재질의 웨더 스트립이 뒤틀리거나 유리에 금이 갈 수 있어 자제하는 것이 좋다.

차창의 얼음을 긁어낼 때에는 끝에 딱딱한 고무날이 있는 얼음 제거용 플라스틱 주걱이나 신용카드, 전화카드 등을 사용하는 것이 좋다. 차창에 붙어 있는 얼음은 차체에 달라붙어 있는 얼음과는 달리 유리 표면에 살짝 붙어 있기 때문에 창문 각도에 맞춰 비스듬히 밀어주기만 해도 쉽게 제거할 수 있다. 시중에는 뿌리기만 하면 쉽게 얼음을 녹여주는 디아이서라는 융결제도 나와 있다.

차 앞유리의 얼음을 제거할 때 한 가지 주의할 점은 유리창에 붙어 있는 와이퍼의 날을 억지로 떼어내서는 안 된다는 것이다. 자칫하면 와이퍼의 날이 상할 수도 있다.

## 3. 언 차 문, 두드려라 그러면 열릴 것이다

흔치 않은 일이지만 겨울밤에 비가 내렸거나 세차한 후 물기가 마르기 전에 얼어버리면 차 문이 열리지 않을 때가 있다. 이때 차 문이 열리지 않는다고 손잡이를 있는 힘껏 잡아 당기면 문이 열리기는커녕 애꿎은 손잡이만 떨어져 나간다. 요행히 문이 열리더라도 고무재질의 웨더 스트립이 찢어져 버리는 경우도 있다.

일단 운전석 쪽 차 문이 얼어붙었을 경우에는 조수석 쪽 문을 확인한다. 얼지 않았다면 조수석으로 들어가 시동을 켜고 히터를 틀어 실내온도를 높인다. 운전석 쪽 문이 차츰 녹아 열 수 있게 된다.

그러나 양쪽 문이 모두 열리지 않으면 손바닥으로 문의 가장자리를 돌려가며 두들겨 얼음을 깨야 한다. 이때 용결제가 있으면 쉽게 차 문을 열 수 있다.

트렁크가 열리지 않을 경우에는 열쇠를 돌리고 위에서 체중을 실어 누르면 쉽게 열린다. 열쇠구멍이 얼어 열쇠가 들어가지 않을 때에는 라이터로 열쇠를 달군 다음 꽂으면 된다.


## 4. 물 세차 후 핸드 브레이크는 풀어둔다

기온이 낮은 경우에는 물세차를 피하는 것이 상식이다. 늦은 오후의 세차도 좋지 않다. 그러나 어쩔 수 없는 사정에 의해서 물세차를 해야 할 때에는 차 문이 어는 것을 방지하기 위해 세차 후 마른걸레로 문 주위를 세심하게 닦아주어야 한다.

만일 차체에 묻은 염화칼슘 때문에 어쩔 수 없이 물 세차를 해야 하는 경우에는 물기가 빠질 때까지 핸드 브레이크를 당겨 두지 않는 것이 좋다. 물기가 남아 있는 상태에서 갑자기 기온이 떨어지면 핸드 브레이크 케이블이 얼어붙어 브레이크가 풀리지 않는 경우가 생기기 때문이다.

만약 핸드 브레이크가 얼어붙은 경우에는 긴 쇠막대 등으로 하체의 뒷바퀴 쪽에 있는 케이블 주변을 두드려 얼음을 떼어낸다. 보다 손쉬운 방법은 케이블 주변에 용결제를 뿌리는 것이다. 그러나 이 모든 번거로움을 없애기 위해서는 주차할 때 기어를 1 단이나 후진으로 고정시키고 핸드 브레이크를 풀어둔 다음 바퀴에 돌이나 받침목을 괴어 두면 된다.

## 5. 겨울철 왁스는 스프레이 타입을 사용하라

자동차의 보디를 얼마만큼 잘 손질해 주고 광택을 내느냐에 따라 자동차의 격이 달라진다. 또한 차체 손질법에 따라 차의 수명도 길어질 수 있다.

차의 광택제 가운데 운전자들이 가장 많이 쓰는 것은 왁스다. 왁스칠은 차체에 덧씌우는 단단한 기름막이라고 생각하면 된다. 기온이 떨어지는 겨울에는 하드 타입보다 액체 상태인 스프레이가 사용이 편하고 광택효과도 좋다.

먼저 물 세차를 한 다음 차를 양지 바른 곳에 세워두고 마른 걸레나 수건으로 물기를 모두 닦아낸다. 햇볕을 쬐어 차체의 온

도를 높이고 스프레이식 왁스를 조금씩 뿌려 부드러운 헝겊으로
문지른다.

## 6. 지붕에 쌓인 눈이 시야를 막는다

차 지붕에 쌓인 눈은 출발하기 전에 깨끗이 쓸어내는 습관을 갖
는 것이 좋다. 간밤에 내린 눈이 차 위에 수북이 쌓여 있을 때 많
은 운전자들이 차창에 쌓인 눈만 털어내고 출발한다. 보닛이나
트렁크 위에 쌓여 있는 눈은 그대로 둬도 달리는 데 큰 지장이
없다고 생각한다.

사실 차를 몰다보면 보닛 위에 쌓여 있는 눈은 엔진열에 의
해 저절로 녹거나 흩날리고, 트렁크의 눈도 운전에 그렇게 큰 지
장을 주지는 않는다. 하지만 지붕 위에 쌓인 눈은 출발하거나 설
때 조금만 충격을 받아도 앞유리 쪽으로 쏟아져 내려 시야를 막
아버리기 일쑤이다. 길도 미끄러운데다 갑자기 시야가 막히면
본능적으로 급제동을 하게 되고 이는 미끄럼 사고로 발전할 수
있다.

## 7. 차 안의 냄새 소취제로 잡아라

겨울에는 많은 시간을 밀폐된 공간에서 운전하게 되므로 차 안
을 항상 깨끗한 상태로 유지해야 한다. 특히 차 안의 잡냄새는
반드시 퇴치해야 한다.

차 안 잡냄새의 주범은 담배다. 고도의 긴장이 요구되는 운

전은 줄담배를 불러오기도 해 자동차 안은 이내 담배 냄새로 찌들게 된다. 게다가 문을 꼭 닫고 지내는 겨울철에는 환기가 제대로 이루어지지 않아 실내 공기는 최악이다.

차 안에서 흡연을 피할 수 없다면 냄새를 없애주는 소취제를 준비해 두는 것이 좋다. 단순한 방향제는 차 안의 잡냄새와 섞여 이상한 냄새를 만들 수 있으므로 반드시 소취제를 사용한다.

## 8. 신문지로 습기와 먼지로부터 기관지 보호

겨울철 운전자들에게 가래가 많이 끓는 것은 밀폐된 공간에서 먼지를 많이 마시기 때문이다. 눈이 많이 온 날 무심코 차를 타면 신발에 묻어 있던 눈과 함께 흙이나 먼지들이 고스란히 차 안으로 들어오게 된다. 이 흙이나 먼지들은 밀폐된 차 안에서 떠돌다가 사람들의 기관지로 흘러들어가게 된다.

흙먼지로부터 기관지를 보호하려면 차 안에 들어 올 때 반드시 신발을 털어야 한다. 차 문을 열고 엉덩이 쪽부터 앉은 다음 양발을 박수 치듯이 부딪쳐 신발에 묻은 흙먼지를 털어낸다. 더불어 눈이 많이 온 날은 바닥에 신문지 등을 깔아 습기와 흙먼지를 막는 것이 좋다. 바닥에 깔려 있는 보조 매트만 일주일에 한두 번 정도 걷어내어 털어주어도 쾌적한 차내 공기를 유지할 수 있다.

## 9. 주기적으로 월동 장비를 점검하라

언제 어느 곳에서 어떤 일이 일어날지 모르는 겨울에는 만약의 사태에 대비하는 자세가 필요하다. 장비를 준비하고 점검하는 노력이 수반돼야 하는 것이다.

겨울철 장비를 다시 한 번 정리하면 스노체인과 얼음을 녹이는 용결제, 비닐주걱, 부동워셔액과 여분의 부동액, 비상연료통, 점핑 케이블과 견인 로프 등이다.

특히 스노체인은 사용한 후에 반드시 더운 물로 깨끗이 씻고 윤활제로 쓰이는 기름을 뿌려두는 것이 좋다. 눈이 올 때 길에 뿌리는 염화칼슘이 체인에 묻게 되면 녹이 슬기 때문에 반드시 쓰고 나면 손질을 해두어야 한다.


## 10. 차내 난방에도 순서가 있다

환기를 자주 하지 못하는 것이 겨울 운전의 특징이다. 운전자의 건강을 고려한 올바른 난방법과 환기법을 소개한다.

시동을 걸어 워밍업을 하는 동안은 공기의 방향을 앞유리로 향하도록 해서 유리에 붙어 있는 성에를 녹인다.

워밍업이 끝난 후 출발할 때 데워진 공기가 발아래 쪽으로 흐르도록 조정하면 공기의 대류현상 때문에 차 안이 골고루 따뜻해진다. 어느 정도 실내 온도가 올라가면 히터의 송풍 장치를 끄고 온도조절 레버만으로 온도를 조절하면 된다.

환기는 공기를 급히 데울 때는 외부공기가 들어오지 못하도록 레버를 조절한 다음 공기가 탁해지면 외부공기가 실내로 들어오는 쪽으로 조정하면 된다. 장거리 운전을 할 때는 졸음방지와 건강을 생각해 한 시간에 한 번 정도 운전석과 조수석 쪽 창문을 활짝 열어 적극적인 환기를 하는 것이 좋다. 🚗

> **TIP 배기가스 관련, 보증수리 기간을 활용하라**
>
> 많은 운전자들이 보증수리 기간을 잘 기억하지 못하고 차에 문제가 발생하면 가까운 정비소에서 문제를 해결하고 만다. 배기가스 관련 23개 부품은 장기간에 걸쳐 무상수리를 받을 수 있다. 2002년 이전 차량의 경우 구입 후 5년간 주행거리 8만 km까지, 2002년 이후 차량은 10년간 16만 km까지 무상보증수리가 가능하다. 이를 이용해 배기가스를 기준 이하로 유지하면 완전연소에 따른 연료 절감 효과를 기대할 수 있다.

# 운전자여 추울 땐 겁쟁이가 되라

겨울 운전을 하려면 겁쟁이가 되어야 한다는 말이 있다. 겨울 운전에서는 '저속과 조심'만 염두에 두면 안전을 확보할 수 있다.

눈길이나 빙판길에서 한번 미끄러지기 시작하면 자동차가 스스로 멈추기 전까지는 방법이 없다. 스노타이어를 장착했다고 과신하지 말고 도로 사정을 잘 모르는 길에서는 속도를 줄인다.

## 차와 나를 위해 준비운동은 충분히

기온이 내려가면 자동차도 수축된다. 배터리는 힘을 잃고 하체와 엔진, 엔진오일, 트랜스미션 오일 등은 굳어 있다. 따라서 충분한 워밍업을 해주지 않으면 자동차 장수에도 지장을 주게 된다. 워밍업은 -5℃ 이하의 날씨에는 3분 정도가 적당하고, -5℃

이상이면 1~2분 정도가 적당하다.

시동은 먼저 클러치를 끊고 시작한다. 클러치를 끊지 않으면 트랜스미션의 부하가 걸려 있어서 스타트 모터에 무리를 줄 수 있기 때문이다. 다음은 시동키를 짧게 돌리는 것이 중요하다. 최초의 시동은 스타트 모터만 한 번 돌린다는 기분으로 키를 돌렸다 뗀다. 단 한 번에 걸리면 좋겠지만 걸리지 않을 때는 당황하지 말고 3초 후에 다시 시도한다.

## 빙판길 안전거리는 평상시 2배

겨울 운전을 할 때 가장 중요한 것은 바른 운전자세이다. 시야를 넓혀 미끄러운 도로에서 일어날 수 있는 돌발 사태에 대비해야 한다.

눈길이나 빙판길에서는 핸들과 브레이크를 천천히 사용하는 것이 좋다. 아무리 빙판길이라 하더라도 도로는 흐름이 있기 때문에 무조건 천천히 달릴 수는 없다면 앞차와의 차간거리를 평소의 2배 이상 두고 알맞은 속도로 따라간다. 속도를 줄이거나 멈춰야 할 경우에는 액셀러레이터 페달에서 발을 떼면서 서서히 속도를 줄인 다음 엔진 브레이크로 속도를 완전히 줄인다. 마지막으로 풋 브레이크로 가볍게 세우면 된다.

## 눈 오는 날은 '급' 자를 지워라

눈길 운전에서 가장 염두에 두어야 할 것은 '급' 자가 붙은 운전을 피하는 일이다. 급출발, 급격한 기어변속, 급핸들 조작, 급제

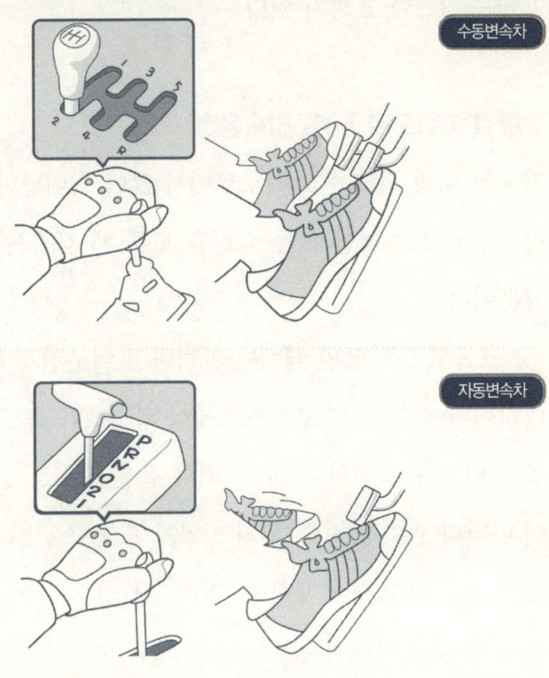


눈길에서는 2단 출발이 좋다. 브레이크에서 발을 떼고 반클러치를 이용해 부드럽게 출발할 수 있다.

동 등은 그대로 사고로 이어질 수 있다.

눈길에서 급출발을 하면 바퀴가 미끄러지거나 헛돌아 옆에 나란히 서 있는 차를 들이받을 수도 있다. 따라서 눈길에서는 자동차를 살살 달래가며 천천히 출발하는 것이 좋다.

보통 출발 때는 기어를 1단에 두고 액셀러레이터를 밟아 출발하지만 눈길에서는 2단 출발이 좋다. 2단 출발은 반클러치를 이용해 바퀴에 부드럽게 구동력을 전해 주는 방법으로 눈길 출발에는 탁월한 효과가 있다.


## 빙판길 고속도로 50% 감속운전

겨울철 대형 사고는 고속도로에서 많이 일어난다. 그 이유는 운전자들이 효과적인 제동 요령을 모른 채 감속운전을 하지 않기 때문이다.

고속도로를 달릴 때에는 완벽한 방어운전을 해야 한다. 눈이 내리거나 쌓여 있는 고속도로에서 평소보다 속도를 줄여 달리는 것은 너무나 당연하다. 보통 때와 같은 속도로 달리다 정체구간이 나타나 급제동을 하게 되면 차가 도는 스핀현상이 일어나 엄청난 추돌 사고가 발생할 수 있다. 평소보다 50% 정도 감속운행을 하는 것이 안전하다.

빙판길에서 급격한 감속은 정말 어려운 일이다. 고속도로 눈길주행 때 감속 방법은 차간거리를 충분히 두고 액셀러레이터 페달에서 발을 떼는 것으로 시작하고 충분한 감속 거리를 확보하지 못한 상태라면 엔진 브레이크로 속도를 줄인다. 기어를 5단에서 4단, 4단에서 3단으로 한 단계씩 낮추고 속도가 줄면 기어를 2단이나 1단까지 낮춘 후 풋 브레이크를 이용해 차를 세운다.

체인을 감고 고속도로를 달릴 때는 추월차선을 피하고 반드시 주행차선으로 달린다. 이때는 50km/h를 넘지 않도록 한다. 50km/h를 넘어서는 무리한 주행을 하면 체인이 끊어질 수도 있으니 주의해야 한다.

## 눈길에서 유리한 자동변속차 운전하기

많은 사람들이 자동변속차가 눈길 운전에 불리하다는 편견을 가지고 있다. 그러나 자동변속차는 겨울 눈길 운전에 유리한 점이 많다.

우선 눈길에서는 출발부터 자동변속차가 유리하다. 자동변속차의 경우 기어 레버를 D레인지에 넣고 브레이크 페달만 떼면 차가 앞으로 나가는 특유의 클리핑 현상 때문에 부드럽게 출발할 수 있다. 주행 중에도 액셀러레이터 페달만 부드럽게 밟아주면 미끄러지지 않고 달릴 수 있다. 이때 주의해야 할 점은 액셀러레이터 페달을 급하게 밟지 말고 천천히 부드럽게 밟아야 한다는 것이다. 급가속을 하게 되면 수동변속차와 마찬가지로 미끄러지거나 스핀하는 사태가 발생한다.

또한 달리다 속력을 줄일 때도 자동변속차는 액셀러레이터 페달에서 발을 떼는 것만으로도 엔진 브레이크 효과를 얻을 수 있다. 엔진 브레이크를 강하게 걸고 싶으면 기어를 2레인지로 내리면 된다. 다만 기어를 바꾼 후 동작할 때까지 짧은 시간 간격이 있으니 감안해 변속하도록 한다.

## 겨울 주차 핸드 브레이크 사용은 금물

자동차마저 꽁꽁 얼어붙는 겨울철에는 주차에도 신경을 써야 한다. 특히 차고가 없는 경우에는 다음날 차를 뺄 것을 생각해 주차할 때 몇 가지 조치를 해두는 것이 좋다.

먼저 배터리 보호가 필요하다. 배터리는 온도가 내려가면 자연방전이 된다. 기온이 -10℃ 이하로 내려간다는 일기예보를 접하면 배터리를 모포나 헝겊 등으로 싸서 완전방전을 막아야 한다.

밤새 차를 세워둘 경우 아침 햇살이 차 앞으로 들어올 수 있는 방향을 찾아야 한다. 이렇게 하면 아침 시동이 한결 수월해진다. 또 아침에 출발할 때 편한 쪽을 고르는데 바닥에 물기나 웅덩이가 있는 곳은 피해야 한다.

눈길 운행을 한 날 갑자기 기온이 내려간다는 일기예보를 들었다면 주차를 할 때 기어를 1단이나 후진에 넣고 핸드 브레이크를 풀어 놓아야 한다. 핸드 브레이크를 당겨 놓으면 브레이크 케이블이 얼어 꼼짝할 수 없는 낭패를 당하게 된다. 만약 이미 핸드 브레이크를 걸었다면 기어를 1단에 넣고 바퀴에 버팀목을 괸 후 케이블 주변을 해머나 막대로 가볍게 두드려 얼음을 제거한다.

서리가 많이 내리는 날은 앞유리를 신문지로 덮어두거나 보디 커버를 씌워두면 아침 출발이 한결 수월하다. 신문지를 두를 때는 와이퍼 블레이드로 눌러 두면 되는데 신문지 끝은 테이프로 고정시켜 준다. 🚗

# 따뜻한 겨울을 만드는 히터 관리법

냉각수 온도가 82℃에서 88℃ 사이일 때 엔진 성능이 가장 좋은 상태를 유지한다. 이렇게 데워진 냉각수를 이용해 자동차의 실내 온도를 올리는 것이 바로 히터다. 히터는 엔진에서 데워진 물이 히터용 라디에이터를 통과할 때 전동 팬으로 따뜻한 바람을 만들어내는 단순한 구조로 되어 있다. 여기서 엔진이 오래 작동하지 않아 더운물이 만들어지지 않았을 때 냉각수가 라디에이터로 흘러 들어오지 못하도록 막는 문지기 역할을 하는 것이 서머스탯(수온조절기)이다.

## 냉각수는 히터의 생명

히터는 생각보다 간단한 구조로 약간만 관심을 기울인다면 무난

한 관리를 할 수 있다. 히터 관리의 첫 번째 포인트는 냉각수 점검이다. 평소 일일 점검 때 냉각수의 양도 체크해준다. 두 번째는 부동액을 교환할 때 냉각장치 내부를 청소하는 것이다. 일반 카센터에는 냉각수 자동 클리닝 기구가 준비되어 있으므로 이를 활용하면 편리하다.

## 중간 온도를 유지하며 환기를 시켜라

실내 온도뿐만 아니라 습도도 생각한다면 히터 레버를 중간쯤에 놓고 가끔 차창을 열어 실내 공기를 완전히 바꿔주는 것이 좋다.

많은 운전자들은 히터 레버를 끝까지 올리고 전동 팬으로 온도를 조절하는 경향이 있는데 이는 잘못된 방법이다. 히터의 조종 레버는 찬 바람과 더운 바람의 중간 위치에 놓는 것이 바람직하다.

## 히터 고장 응급처치법

히터에 문제가 발생했을 때 가장 흔한 증상은 아침에 시동을 걸었고 3~5분 정도가 지나도 따뜻한 바람이 나오지 않는 경우이다. 이때는 앞에 설명한 냉각수 문지기, 서머스탯의 고장을 의심해 본다. 차가 정차해 있을 때에는 더운 바람이 나오다가 차가 달리게 되면 찬 바람이 나오는 경우도 서머스탯 고장일 확률이 높다. 이 경우 서머스탯의 교환만으로 간단하게 해결된다.

차를 운행하고 있는데 갑자기 더운 바람이 나오지 않는 경우는 바람을 만드는 송풍 모터를 점검해 볼 필요가 있다. 점검 방법은 먼저 퓨즈 박스를 열어 송풍 모터의 퓨즈가 끊어져 있는지를 확인하고 이상이 없다면 정비소에 가서 수리를 받는다.

엔진에서 히터로 가는 냉각수 통로가 막히는 경우에도 더운 바람이 나오지 않는다. 또 드문 경우이긴 하지만 히터로 가는 냉각수 통로에 공기가 들어가 냉각수의 흐름을 방해하는 경우도 있다. 이 경우 자가 수리는 불가능하므로 정비 업소를 찾는 것이 좋다.

때때로 히터를 켜면 달착지근한 냄새가 나고 머리도 지끈지끈 아파오는 경우가 있는데 냉각수가 새어나와 송풍 모터를 타고 차 안으로 들어오는 경우이다. 냉각수로 사용되는 부동액은 인체에 유해하므로 즉시 수리를 받는 것이 좋다.

---

**TIP 적절한 기어변속으로 연비를 올린다**

기어는 단의 숫자에 따라 주행 가능한 속도 구간이 있다. 각 기어의 주행 속도 구간을 무시하고 아무렇게나 기어를 넣고 달리다 보면 엔진에 부하가 걸려 성능이 떨어지고 연료 소모가 많아진다. 특히 지나치게 저단으로 주행하면서 높은 엔진회전수를 유지하는 것은 연비를 매우 안 좋게한다.

차의 속도를 염두해 둔 적절한 기어변속이야말로 연비향상을 위한 기본적인 운전 습관이라 하겠다.

# 앞바퀴굴림차의 특성을 알면
# 겨울운전이 쉬워진다

자동차는 굴림 방식에 따라 운전 특성이 달라지기 마련이다. 현재 우리나라에서 생산되는 승용차는 80% 이상이 앞바퀴굴림차이다. 앞바퀴굴림차의 운전 테크닉을 익혀 겨울 안전운전을 준비해 보자.

### 눈길 급핸들 조작은 위험하다

무릇 눈길주행에서는 자동차의 무게가 무거울수록 유리하기도 하다. 이런 점으로 볼 때 굴림 바퀴가 앞에 있고 엔진도 앞에 있는 앞바퀴굴림차는 굴림 바퀴 쪽에 하중이 집중되어 있기 때문에 눈길이나 미끄러운 길에서 보다 유리하다.

앞바퀴굴림차는 코너를 돌 때 자동차가 회전 방향의 중심축에서 바깥쪽으로 빠져나가려는 경향이 있다. 핸들을 꺾는 방향이나 앞바퀴가 향하는 방향으로 차체가 강하게 끌려가는 듯한 느낌을 갖는데 이 때문에 상반된 두 개의 힘이 조화되면서 원하는 방향으로 차를 이끌고 나갈 수 있다.

앞바퀴굴림차는 코너링 때 핸들의 유연성과 안정성을 갖기 때문에 더욱 환영받는다. 굴림 바퀴가 앞쪽에 있기 때문에 운전자의 액셀러레이터 페달을 밟는 의지가 쉽게 전달되므로 가감속이나 엔진 브레이크의 효율을 높일 수 있는 장점이 있다.

그러나 앞바퀴굴림차는 코너링 때 급히 핸들을 돌려 응급선회가 가능한 대신 뒷바퀴 쪽이 옆으로 미끄러지는 현상이 나타나게 된다. 이것을 리버스 스티어라고 하는데 눈길에서 이 작용은 큰 사고를 부를 수 있다. 따라서 앞바퀴굴림차의 경우 눈길 코너링에서 핸들을 급하게 꺾는 것은 아주 위험하다.

## 빙판길에 유리하다

타이어와 도로의 정지상태를 나타내는 도로면의 마찰계수는 노면상태에 따라 크게 달라진다. 일반 건조도로가 0.8인 것에 비해 빙판길은 0.2, 젖은 길은 0.3, 모랫길은 0.5 이하가 되는 것이 보통이다. 앞바퀴가 구동력을 가진 앞바퀴굴림의 차는 조건이 나쁜 도로에서는 뒷바퀴굴림차보다 유리하다. 무거운 짐을 밀고 가는 것보다 끌고 가는 것이 유리하기 때문이다.

그러나 앞바퀴굴림차는 액셀러레이터 페달을 지나치게 깊

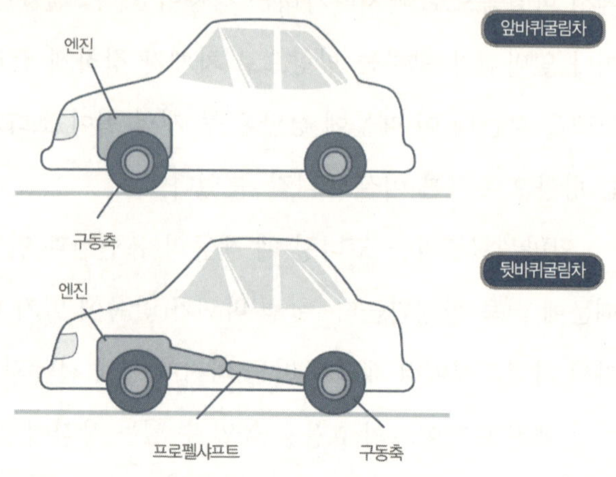



앞바퀴굴림차와 뒷바퀴굴림차는 힘을 주어 끌고가는 바퀴가 다르다. 이 구동축의 차이는 가속과 정지에 영향을 미쳐 주행중 차의 특성을 다르게 한다.

게 밟으면 쉽게 미끄러져버린다. 일단 헛바퀴가 돌기 시작하면 매우 곤욕스런 경우가 발생하므로 유의해야 한다. 급발진이 필요한 상황에서도 앞바퀴굴림차는 이내 제자리를 감돌며 미끄러지기 때문에 세심한 진행을 하지 않으면 안 된다.

### 꼬리가 흔들리면 가속 페달을 밟아라

누구나 주행 중 위기상황이 닥치면 반사적으로 액셀러레이터 페달에서 발을 떼어 브레이크 페달을 힘껏 밟는다. 그러나 앞바퀴굴림차는 앞바퀴를 중심으로 미끄러져버리기 쉬우므로 급브레이크를 밟는 것은 매우 위험하다.

또한 눈길이나 빙판길 또는 흙길의 커브를 돌 때 액셀러레이터 페달에서 급하게 발을 떼면 앞바퀴에 강한 엔진 브레이크가 걸리게 되는데, 이때 차의 하중이 앞쪽으로 몰리면서 뒷바퀴가 떠버려 차 꼬리가 흔들리게 된다. 이것을 극복하는 방법은 급제동이 아니라 액셀러레이터 페달을 밟아 전진을 시도하는 것이다.

앞바퀴굴림차는 뒷바퀴굴림차에 비해 눈길이나 빙판길 정지에 세심한 주의를 기울여야 한다.

> **TIP 차계부 이제 시작할 때다**
>
> 자동차 전문가들은 자동차 운전장부인 차계부를 꼭 쓸 것을 권한다. 기름을 넣을 때마다 날짜와 주입량, 가격 등을 기록하고 월별로 비교한다. 차량 점검이나 소모품 교체 일도 꼼꼼히 기록해 둔다. 차계부를 지속적으로 쓰다보면 전체적인 차량유지비를 산출해 과소비가 일어나는 부분을 체크할 수 있다. 또한 어떤 도로환경일 때 연비가 많이 들고, 각각의 소모품의 교환 주기가 얼마나 되는지를 파악해 절약 운전을 실천할 수 있다.

돈 걱 정 않 고 차 굴 리 는
## 절약운전 습관 65가지

초판 인쇄 | 2004년 8월 5일
5쇄 발행 | 2008년 12월 13일

지은이 | 정보상
펴낸이 | 심만수
펴낸곳 | (주)살림출판사
출판등록 | 1989년 11월 1일 제9-210호

주소 | 413-756 경기도 파주시 교하읍 문발리 파주출판도시 522-2
전화 | 031)955-1350
팩스 | 031)955-1355
이메일 | book@sallimbooks.com
홈페이지 | http://www.sallimbooks.com

ⓒ(주)살림출판사, 2004    ISBN  89-522-0238-4  13550




값 9,800원